Deniz Kahraman

Herstellung und Eigenschaften von Optokeramiken auf der Basis von Mg-Spinell und Aluminiumoxid

Schriftenreihe des Instituts für Keramik im Maschinenbau
IKM 59

Institut für Keramik im Maschinenbau
Karlsruher Institut für Technologie

Herstellung und Eigenschaften von Optokeramiken auf der Basis von Mg-Spinell und Aluminiumoxid

von
Deniz Kahraman

Institut für Keramik im Maschinenbau (IKM),
Karlsruher Institut für Technologie

Dissertation, Karlsruher Institut für Technologie
Fakultät für Maschinenbau,
Tag der mündlichen Prüfung: 12.11.2010

Impressum

Karlsruher Institut für Technologie (KIT)
KIT Scientific Publishing
Straße am Forum 2
D-76131 Karlsruhe
www.ksp.kit.edu

KIT – Universität des Landes Baden-Württemberg und nationales
Forschungszentrum in der Helmholtz-Gemeinschaft

KIT Scientific Publishing 2011
Print on Demand

ISSN: 1436-3488
ISBN: 978-3-86644-682-3

Herstellung und Eigenschaften von Optokeramiken auf der Basis von Mg-Spinell und Aluminiumoxid

Zur Erlangung des akademischen Grades

eines

Doktors der Ingenieurwissenschaften

der Fakultät für Maschinenbau des
Karlsruher Institut für Technologie (KIT)

genehmigte
Dissertation
von

Dipl.-Ing. Deniz Kahraman
aus Bruchsal

Tag der mündlichen Prüfung:	12.11.2010
Hauptreferent:	Prof. Dr. rer. nat. M. J. Hoffmann
Korreferent:	Prof. Dr. rer. nat. H.-J. Kleebe

Danksagung

Die vorliegende Arbeit entstand während meiner Tätigkeit als wissenschaftlicher Mitarbeiter am Institut für Keramik im Maschinenbau des Karlsruher Instituts für Technologie.

Mein besonderer Dank gilt Herrn Prof. Dr. M.J. Hoffmann für die Möglichkeit, diese Arbeit durchführen zu können und die stete Bereitschaft zur Diskussion.

Herrn Prof. Dr. H.-J. Kleebe vom Institut für Angewandte Geowissenschaften der TU Darmstadt danke ich für die Übernahme des Korreferats.

Herrn Prof. Dr. U. Lemmer vom Lichttechnischen Institut des Karlsruher Instituts für Technologie möchte ich für die Möglichkeit danken, das Spektralphotometer nutzen zu können.

Herrn Dr. T. Fett danke ich für die Unterstützung und wertvollen Hinweise zu den mechanischen Untersuchungen.

Herrn Ö. Firat und Frau P. Wölfle danke ich für den gezeigten Einsatz, mit dem sie mich bei der Durchführung dieser Arbeit im Rahmen ihrer Anstellungen als wissenschaftliche Hilfskraft unterstützt haben.

Herrn R. Müller, Frau A. Kamilli und Herrn D. Creek bin ich für die HIP–Nachverdichtung, Präparation und Hartbearbeitung der Probenkörper zu Dank verpflichtet.

Allen Mitarbeitern, Studien– und Diplomarbeitern danke ich ganz herzlich sowohl für die außerordentlich gute und unkomplizierte Zusammenarbeit als auch für die fortwährende Unterstützung.

Inhaltsverzeichnis

Verzeichnis der Symbole

Symbol	Bedeutung	Einheit
α	Absorptionskoeffizient	cm^{-1}
$d\varepsilon/dt$	Kriechrate	s^{-1}
γ	Streukoeffizient	mm^{-1}
γ_{KG}	Korngrenzenstreuung	mm^{-1}
γ_{Pore}	Streuung an Poren	mm^{-1}
λ	Wellenlänge	nm
ν	Frequenz	nm^{-1}
$2a$	Diagonale der Härteeindrucks	μm
c	Oberflächenrisslänge	μm
c_m	Massenkonzentration des Feststoffs	$\%$
c_v	Volumenkonzentration des Feststoffs	$\%$
C_{sca}	effektiver Streukoeffizient	m^{-1}
d	Durchmesser	mm
d_{50}	Medianwert des Korndurchmessers	μm
D	Diffusionskoeffizient	cm^2/s
$D.F.$	Triebkraft für Verdichtung	
D_V	Volumendiffusionskoeffizient	cm^2/s
E	Elastizitätsmodul	GPa
F	Prüflast	N
h	Plancksches Wirkungsquantum	Js

Symbol	Bedeutung	Einheit
H	Härte	GPa
K_{Ic}	Risszähigkeit	$MPa \cdot m^{1/2}$
K_G	Kornwachstumsrate	cm^2/s
KG	Korngröße	µm
n	Brechungsindex	–
Q_{sca}	normierter Streukoeffizient	–
P_a	mechanische Last	kN
R	allgemeine Gaskonstante	$J/mol \cdot K$
R_S	Verluste der Transmission aufgrund von Oberflächenspiegelung	–
T	Temperatur bzw. absolute Temperatur	°C bzw. K
TD	theoretische Dichte	%

Verzeichnis der Abkürzungen

Abkürzung	Bedeutung
BET	spezifische Oberfläche bestimmt über Gasadsorption (Brunauer Emmett Teller)
CBED	Convergent Beam Electron Diffraction
CIP	Kaltisostatisches–Pressen
EDV	elektronische Datenverarbeitung
EDX	energiedispersive Röntgenspektroskopie
FAST	Field Assisted Sintering Technique
HIP	Heißisostatisches–Pressen
HP	Heißpressen
HV	Härte nach Vickers
NiPQ	Niihara Palmquist
NIR	Naher Infrarot Wellenlängenbereich
oP	offene Porosität
PA	Polyamid
PCA	polykristallines α–Aluminiumoxid
pdf	powder diffraction file
PE	Polyethylen
PECS	Pulsed Electric Current Sintering
PKM	Planetenkugelmühle
PtRh	Platin Rhodium Legierung
rel. D.	relative Dichte

Abkürzung	Bedeutung
REM	Rasterelektronenmikroskopie
RGD	Rayleigh–Gans–Debye
RIT	Real In–line Transmission
SD	Standardabweichung
SE	Sekundärelektronen
SIMS	Sekundärionen-Massenspektroskopie
SPS	Spark Plasma Sintering
TD	theoretische Dichte
TFT	Total Forward Transmission
TR	Total Reflection
UV	Ultraviolett
ZTA	Zirkoniumoxid verstärktes α–Aluminiumoxid

1 Einleitung und Zielsetzung

In den vergangenen Jahren ist der Bedarf an optischen Werkstoffen mit herausragenden mechanischen Eigenschaften kontinuierlich gestiegen. Sowohl das Aufkommen neuer Anwendungen als auch die gestiegenen Anforderungen beim Einsatz in bereits bestehenden Feldern macht die Weiterentwicklung von Werkstoffen hierfür unumgänglich. Ein Ersatz von silikatischen Gläsern durch polykristalline Keramiken mit definiertem Gefüge, insbesondere äußerst niedriger Porosität bei gleichzeitig geringer Korngröße, wird daher sowohl funktionsseitig als auch strukturell gerechtfertigt.

Hochtransparente Spinell Keramik ist ein idealer Kandidat für die Laser–Lithographie. Aufgrund seiner niedrigen UV Absorptionskante kann sie in Kombination mit Laserstrahlquellen niedriger Wellenlänge, wie beispielsweise ArF–Gas–Lasern, eingesetzt werden. Eine niedrige Wellenlänge ist genauso wie eine Projektionslinse mit großer Brechzahl notwendig, um eine hohe Abbildungsgenauigkeit realisieren zu können. Durch die Einbringung eines Immersionsmediums in Form eines dünnen Wasserfilms zwischen der letzten Linse und dem Photolack werden die Brechzahl und damit die numerische Apertur nochmals erhöht. Synthetisch hergestelltes amorphes Quarzglas in UV–Qualität besitzt zwar ebenfalls eine sehr gute Transparenz für UV Licht ($RIT >$ 80 % bei 193 nm), kann aber hohen UV Intensitäten nicht hinreichend lange standhalten, so dass Quarzglasoptiken regelmäßig ausgetauscht werden müssen. Einkristallines CaF_2 eignet sich zwar aufgrund seiner physikalischen Eigenschaften gut für Optiken in ArF–Gas–Laserlithographiesystemen, ist aber aufgrund seiner hohen Herstellkosten kein geeigneter Kandidat. Einkristalliner Spinell hingegen weist für niedrige Wellenlängen eine große Doppelbrechung ($\approx$10 nm/cm) auf, wodurch ein Einsatz ausgeschlossen wird. Da polykristalline Spinell Keramiken große Transmissionen im UV Bereich bei hoher Standzeit versprechen und die optischen Grundvoraussetzungen erfüllen, stellen Sie einen preiswerten Kandidaten für UV transparente Projektionslinsen dar.

Strukturelle Eigenschaften zeichnen α–Aluminiumoxid in transparenter Qualität aus, welches heute bereits Anwendung im militärischen Bereich findet, allerdings in seiner einkristallinen Modifikation Saphir. Da Saphir nicht in bauteilnaher Geometrie hergestellt werden kann und seine Hartbearbeitung sehr aufwändig ist, gibt es Bestrebungen, polykristallines sub–µm Aluminiumoxid mit seiner ausgezeichneten Erosionsbeständigkeit gegen Staubpartikel und Regentropfen für diese Anwendung zu etablieren. Ein weiteres mögliches Einsatzgebiet für transparentes sub–µm Aluminiumoxid sind durchschusshemmende Fenster. Hier kommen besonders die Härte und Festigkeit des feinkörnigen Aluminiumoxids und die damit verbundene hohe ballistische Schutzwirkung zum Tragen.

Neben der Erfüllung anwendungsseitiger Anforderungen sind bei der Auslegung der Fertigungskette auch Gesichtspunkte der wirtschaftlichen Herstellung zu berücksichtigen, um eine spätere technologische Nutzung zu gewährleisten. So eignen sich Verfahren wie das Gelcasting hervorragend für die Herstellung defektarmer Grünkörper hoher Dichte, was eine notwendige Bedingung für die Herstellung feinkörniger Keramik niedriger Porosität darstellt. Allerdings macht der damit inhärent verbundene zeitliche Aufwand bei der Trocknung und anschließenden Entfernung der organischen Zusätze den Einsatz von Verfahren mit geringerem zeitlichem Aufwand erstrebenswert.

Als Verfahren mit besonders geringem Zeitbedarf für die Verdichtung sind an dieser Stelle die **F**ield **A**ssisted **S**intering **T**echnique (FAST) zu nennen, welche in der Literatur auch als **S**park **P**lasma **S**intering (SPS) oder **P**ulsed **E**lectric **C**urrent **S**intering (PECS) bezeichnet wird. Bei diesem Verfahren wird der thermischen Aktivierung eine mechanische Last überlagert, was zu einer Absenkung der zum Erhalt dichter Proben notwendigen Temperaturen führt. Dies ist von Vorteil, da hierdurch Keramiken geringer Korngröße erhalten und die Kosten aufgrund des niedrigeren Energiebedarfs gesenkt werden können. Ferner zeichnet sich dieses Verfahren durch sehr kurze Prozesszeiten aus, was größtenteils auf die hohen Heiz– und Abkühlraten zurückgeführt werden kann. Hierdurch lassen sich Prozesszeiten von der Beschickung des Werkzeugs bis zur Entnahme der verdichteten Keramik von etwa 30 Minuten realisieren.

Ein weiteres Verfahren zur Herstellung transparenter Keramiken besteht in der kombinierten Sinter / **heiß**isostatisches **P**ressen (HIP) Technik mit vorangegangener Grünkörperherstellung; letztere entfällt beim FAST Prozess. Die Grünkörperherstellung kann konventionell durch axiales Trockenpressen / kaltisostatisches Pressen (*engl. cold isostatic pressing* CIP) oder durch die aufwändigeren Verfahren der Nassformgebung erfolgen. Das HIP ist ein Verfahren der Nachverdichtung bei dem in der kapsellosen Durchführung Sinterkörper geschlossener Porosität unter hoher Temperatur einem Gasdruck von 100 bis 400 MPa ausgesetzt werden, wodurch sich die Porosität unter Vermeidung ungewünschten Kornwachstums effektiv eliminieren lässt.

Ziel dieser Arbeit ist zu untersuchen, welche Verfahren zur Herstellung kostengünstiger optischer Oxidkeramiken geeignet sind. Als Modellpulver wurden hierfür Mg–Spinell und α–Aluminiumoxid ausgewählt. Beide wurden im Rahmen dieser Arbeit durch Festphasensintern zu defektarmen Proben verdichtet, die anschließend hinsichtlich ihrer optischen Eigenschaften charakterisiert wurden. Untersucht wurden sowohl das FAST Verfahren als auch das kombinierte Sinter / HIP Verfahren. Die hierfür zum Einsatz gekommenen Grünkörper wurden zum einen über einachsiges Trockenpressen / CIP erhalten, zum anderen gingen sie aus der Nassformgebung hervor. Zu diesem Zweck wurden stabilisierte, wässrige Suspensionen sowohl auf Gips abgegossen, als auch druckfiltriert, um Scherben hoher Gründichte zu erhalten. Beim anschließenden Sintern und Nachverdichten durch HIP wurden defektarme Proben hergestellt.

Nach der Herstellung und Präparation der Proben erfolgte die gefügemäßige Untersuchung unter Anwendung elektronenmikroskopischer Methoden. Hierdurch können insbesondere Aussagen bezüglich zu erwartender mechanischer Eigenschaften getroffen werden. Danach wurde die optische Charakterisierung mittels Spektralphotometrie durchgeführt. Sie dient der Beurteilung der einzelnen Verfahren zum Erhalt von Oxidkeramiken hoher optischer Güte. Durch sie kann Auskunft über den Einfluss der einzelnen Prozessschritte bzw. Prozessparameter erhalten werden

2 Grundlagen und Stand der Technik

Im folgenden Kapitel wird dargestellt, durch welche optischen Eigenschaften sich die oxidkeramischen Werkstoffe Mg–Spinell und α–Aluminiumoxid auszeichnen. Anschließend wird erläutert, wie sich die Gefügeentwicklung auf die sich einstellenden optischen Eigenschaften auswirken und auf welche Weise durch die Prozessführung Einfluss auf die Gefügeeinstellung ausgeübt werden kann. Danach werden das FAST Verfahren und die Sinter / HIP Methode näher erläutert, bevor abschließend auf die Wechselwirkungen von elektromagnetischen Wellen im Frequenzbereich des sichtbaren Lichtes mit nichtleitender Materie eingegangen wird.

2.1 Eigenschaften der Modellwerkstoffe

2.1.1 Mg–Spinell (MgAl$_2$O$_4$)

Magnesiumaluminat ist ein vielversprechender Kandidat für optische Anwendungen, da es sich gleich durch eine Reihe von hierfür vorteilhaften Eigenschaften auszeichnet. Es hat eine hohe Härte, weist hohe Festigkeiten auf und besitzt einen Elastizitätsmodul von 295 GPa [Roze98]. Aufgrund seiner kubischen Kristallstruktur, die nachfolgend erläutert wird, weist polykristallines MgAl$_2$O$_4$ keine Doppelbrechung auf [West04B]. Doppelbrechende Materialien besitzen wegen ihrer Anisotropie richtungsabhängige Brechzahlen. In polykristallinem Spinell hat der Brechungsindex n unabhängig von der kristallographischen Orientierung im sichtbaren elektromagnetischen Spektrum in guter Näherung einen konstanten Wert von 1,712 [West04]. Seine Dichte beträgt 3,58 g/cm³, wodurch Mg–Spinell auch für nicht–stationäre Anwendungen geeignet erscheint [Swab99]. Es besitzt eine hohe Transmission im nahen Infrarot (NIR) Wellenlängenbereich [Roze08]. Weiterhin liegt die UV Absorptionskante in Spinell aufgrund seiner hohen energetische Bandlücke von 7,75 eV (160 nm) unterhalb der Wellenlänge von ArF–Lasern (193 nm) [Trop98], wobei es zu beachten gilt, dass der Absorptionskoeffizient α nicht durch einen konstanten Wert beschrieben wird, sondern temperaturabhängig ist und einen exponentiellen Anstieg im Bereich der Bandkante durchläuft. Er kann mithilfe der Urbach Regel angegeben werden (Gl. 2.1).

$$\alpha(h\nu) = \alpha_0 \exp\left(\frac{h\nu - E_0}{E_U}\right). \qquad \text{Gl. 2.1}$$

Hierin sind α_0 und E_0 Materialparameter und E_U die Urbach Energie, welche ein Maß für die Energieweite der breiter verlaufenden Bandkante (Valenzband– oder Leitungsbandkante) ist [Meed04]. Somit ist ersichtlich, dass die Ausläufer der UV–Absorptionsbanden sich in einen Spektralbereich, der langwelliger als 160 nm ist, erstrecken und daher auch Absorption bei Wellenlängen oberhalb der UV–Absorptionskante auftritt.

Der Emissionsgrad von Mg–Spinell liegt unterhalb dessen von α–Al_2O_3, was bei höheren Temperaturen von Vorteil ist, da hierdurch die Wärmestrahlung des Spinellbauelements geringeren Einfluss auf Infrarot–Messwerte hat und so zu einer geringeren Verfälschung der Ergebnisse führt, sofern temperatursensitive Messungen durchgeführt werden [Roy88].

Eine Auswahl der Bauteile, für deren Auslegung insbesondere die optischen Eigenschaften von Mg–Spinell einen vielversprechenden Kandidaten liefern, gibt folgende Auflistung wieder:

- UV transparente Optiken für die Immersionslithographie [Burn05]

- transparente, kompakte Scheiben mit hohem Beschusswiderstand [Krel09]

- hitzebeständige, IR transparente Rohre für solarthermische Energieanlagen [Krel07]

Methoden, die für die Verdichtung von Mg–Spinell in der Literatur Anwendung finden, sind das Heißpressen [Roze08], das Heißpressen kombiniert mit HIP [Gild05] und Sinter / HIP [Maca07, Huan07].

Abb. 2.1 zeigt das Phasendiagramm MgO – Al_2O_3. Stöchiometrischer Spinell hat ein Molverhältnis von 1 mol MgO zu 1 mol Al_2O_3. Dem Phasendiagramm ist zu entnehmen, dass außer $MgAl_2O_4$ keine weiteren Phasen aus Magnesiumoxid und Aluminiumoxid gebildet werden können und dieses einen Schmelzpunkt von ca. 2120 °C besitzt. Ferner ist zu sehen, dass Mg–Spinell für Temperaturen kleiner 1000 °C in eine stöchiometrische Verbindung übergeht, d.h. mit abnehmender Temperatur verschwindet die Löslichkeit für MgO bzw. Al_2O_3 in Mg–Spinell, so dass bei Abweichung von der theoretischen Zusammensetzung (50 Mol–% MgO und 50 Mol–% Al_2O_3) eine zusätzliche zweite Phase gebildet wird. Bei höheren Temperaturen hingegen kann über– bzw. unterstöchiometrischer Spinell existieren. Weiterhin ist die hohe Löslichkeit von Al_2O_3 in Mg–Spinell auffallend: sie beträgt bei 2000 °C etwa 90 Mol–%.

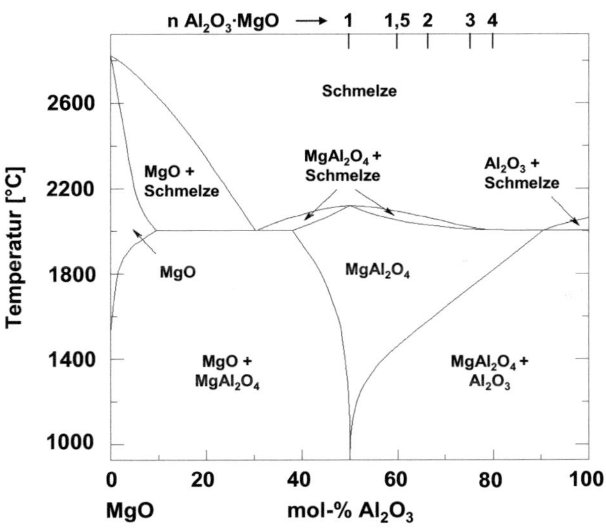

Abb. 2.1: Phasendiagramm MgO – Al_2O_3 nach [Barr92].

Die normale Spinellstruktur, eine in Oxiden oft vorkommende Struktur, ist in Abb. 2.2. dargestellt. Sie besitzt die Stöchiometrie AB_2O_4, worin O ein Sauerstoffanion darstellt, A ein zweiwertiges und B ein dreiwertiges Kation. Spinell kristallisiert in der kubischen Raumgruppe Fd3m. Seine Elementarzelle enthält 8 Formeleinheiten, d.h. 8 Magnesium–, 16 Aluminium– und 32 Sauerstoffionen. Aufgebaut ist der Spinell aus einem kubisch–dichtestgepackten Gitter aus Sauerstoffanionen O^{2-}, dessen Oktaederlücken zur Hälfte durch Al^{3+} und Tetraederlücken zu einem Achtel durch Mg^{2+} Kationen belegt sind.

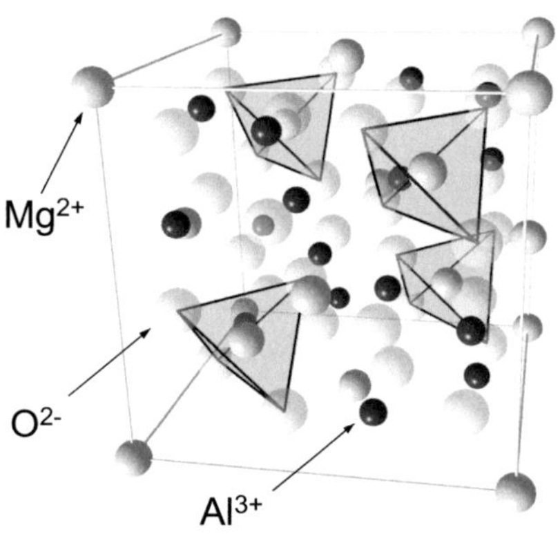

Abb. 2.2: Mg–Spinell Struktur.

Im stöchiometrischen Spinell ($nAl_2O_3 \cdot MgO$ mit n = 1) hat die Diffusion der O^{2-} Ionen dominierenden Einfluss auf das Sinterverhalten [Brat71]. Im Anfangsstadium der Verdichtung zwischen 1050 °C und 1300 °C kann der Volumendiffusionskoeffizient D_V nach [Brat69] durch die Abhängigkeit

$$D_V = 18{,}6 \cdot \exp\{(-485\,kJ/mol)/R \cdot T\}\,cm^2/s \qquad\qquad \text{Gl. 2.2}$$

angegeben werden, hierin bezeichnen R die allgemeine Gaskonstante und T die absolute Temperatur. Im Temperaturintervall von 1300 bis 1600 °C berechnet sich die Kornwachstumsrate K_G nach [Brat71] zu

$$K_G = 51{,}3 \cdot \exp\{(-460\,kJ/mol)/R \cdot T\}\,cm^2/s \qquad\qquad \text{Gl. 2.3}$$

Ein zunehmender Al_2O_3 Überschuss wirkt sich auf das Sinterverhalten abträglich aus, da hierdurch die Diffusion von O^{2-} Ionen stark gesenkt wird [Ando83], wodurch eine Abnahme der Sinterdichte verursacht wird. Ein MgO Überschuss bewirkt hingegen die Erhöhung des O^{2-} Diffusionskoeffizienten und führt infolgedessen zu höheren Sinterdichten [Bail71].

Spinell Pulver kann über verschiedene chemische Routen synthetisiert werden. Typischerweise – wie bei der in der vorliegenden Arbeit untersuchten Spinell Qualität – werden Lösungen aus Mg– und Al–Nitraten und –Sulfaten verwendet, die nach Abscheidung von Mg– und Al–Salzen kalziniert werden. Danach wird eine Entschwefelung durchgeführt, die üblicherweise nicht zur vollständigen Entfernung des Schwefels führt [Reim09].

Ein oftmals verwendetes Sinterhilfsmittel für die Verdichtung von Mg–Spinell stellt LiF dar, welches während der Aufheizung eine Flüssigphase bildet, die die Umlagerung und Auflöse– und Wiederausscheidevorgänge von $MgAl_2O_4$ ermöglicht. Bei etwa 1000 °C findet ein Abdampfen der LiF Phase aus dem Sinterkörper statt, so dass es im Anschluss an die Verdichtung nicht im Gefüge aufgefunden werden kann. Eine besondere Herausforderung bei der Verwendung von LiF stellt die gleichmäßige Verteilung im Grünkörper dar, da nur so ein abnormales Kornwachstum verhindert werden kann [Roze08]. Daher kommen Fluor Salze zur Beschichtung von Spinell Pulvern zum Einsatz, durch die eine homogenere Benetzbarkeit realisiert werden kann [Vill07]. Durch den Einsatz von LiF in Spinell konnte in [Meir09] die Heißpresstemperatur unter Wahrung der vollständigen Verdichtung von 1600 °C auf 1350 °C abgesenkt werden.

Das Endstadium des Festphasensinterns in $MgAl_2O_4$ wird durch die Diffusion im Festkörper bestimmt. Dominierend ist hierbei wieder das Sauerstoffion, dessen Diffusionskoeffizient mehrere Größenordnungen kleiner ist als die der beteiligten Kationen. Kritisch kann ein Sauerstoffmangel in der Sinteratmosphäre sein, da thermodynamische Berechnungen zeigen, dass es bei niedrigen Sauerstoffpartialdrucken unter hohen Temperaturen (>1650 °C) zu Zersetzungsreaktionen kommt, wobei unter Bildung von Sauerstoffleerstellen elementares, gasförmiges Magnesium entweicht [Chia85].

Experimentell gezeigt werden konnte die Abdampfung von Magnesium unter Bildung von Sauerstoffleerstellen und einer damit verbundenen Erhöhung der Diffusion in [Ting99]. Durch elektronenmikroskopische Untersuchungen konnten dort bei Sinterung in reduzierender Atmosphäre zwei Bereiche identifiziert werden, die sich charakteristisch wie folgt unterschieden: das Innere der Proben wies Hohlräume auf, die typisch für Spannungen während der Verdichtung sind, wenn differentielles Sintern auftritt. Die oberflächennahen Bereiche hingegen waren grobkörnig, was wiederum mit der Abdampfung von Magnesium und der damit verbundenen erhöhten Diffusion begründet wurde. Dies steht im Widerspruch zu Untersuchungen von Chiang und Kingery [Chia89] und zu Ergebnissen von Bailey und Russel [Bail71], in denen die Korngrenzenmobilität bei MgO Überschuss $10^2 - 10^3$ mal größer ist als in stöchiometrischem Spinell.

In [Weiß87] konnte experimentell gezeigt werden, dass die Kinetik der Ausscheidung von Al_2O_3 aus überstöchiometrischem Spinell sehr stark von der Mischkristallzusammensetzung abhängt. Durch systematische Variation des Al_2O_3 Gehaltes wurden Proben der Zusammensetzung $nAl_2O_3 \cdot MgO$ (n = 1 – 3,5) erhalten, deren Ausscheidungsverhalten in Glühversuchen bei 1300 °C untersucht wurden. Es wurde gefunden, dass für 1,5 $Al_2O_3 \cdot MgO$ selbst nach 100 stündiger Glühbehandlung keinerlei Al_2O_3 Ausscheidungen nachzuweisen waren; bei erhöhtem Al_2O_3 Überschuss (n = 2,0 und 3,5) waren jedoch bereits nach 30 minütiger Glühung plattenförmige Al_2O_3 Ausscheidungen vorhanden.

2.1.2 α–Aluminiumoxid (Al_2O_3)

α–Al_2O_3 (Korund) ist technisch gesehen die wichtigste von sieben vorkommenden Al_2O_3 Modifikationen. Sie ist hochtemperaturstabil und findet sowohl aufgrund ihrer strukturellen als auch funktionellen Eigenschaften zahlreichen Einsatz in der Technik. Der Kristallaufbau von α–Al_2O_3 lässt sich beschreiben durch ein hexagonal dichtest gepacktes O^{2-}–Ionen Gitter, in welchem 2/3 der Oktaederlückenplätze durch Al^{3+}–Ionen belegt sind.

Aluminiumoxid–Keramik findet aufgrund seiner im Folgenden beschriebenen Eigenschaften häufig Anwendung in der Technik. Gleichzeitig gilt es als eine der am besten untersuchten Keramiken und wird daher in der Grundlagenforschung gerne als Modellwerkstoff verwendet.

Dicht gesintertes α–Aluminiumoxid besitzt einen Elastizitätsmodul von etwa 400 GPa [Krel09]. Es weist Härten von $19 - 22$ GPa und bei defektarmer Mikrostruktur mittlere Festigkeiten von bis zu 700 MPa auf [Seid97, Baad95]. Sein Schmelzpunkt liegt mit 2050 °C knapp unter dem des Mg–Spinells. Dank seiner äußerst geringen elektrischen Leitfähigkeit wird Aluminiumoxid gerne als Werkstoff für Isolatorbauteile eingesetzt, insbesondere da diese auch bei hoher Temperatur nicht wesentlich ansteigt. Trotz seiner niedrigen elektrischen Leitfähigkeiten besitzt Al_2O_3 hohe thermische Leitfähigkeiten, die aber vom jeweilig vorliegenden Gefüge und insbesondere dem Grad der Verunreinigung beeinflusst werden. Dank seiner hohen chemischen Beständigkeit gegen eine Anzahl von Säuren und Basen findet Aluminiumoxid auch häufige Anwendung in der chemischen Industrie [Salm07].

Die mechanischen Eigenschaften von Al_2O_3 können durch ein feinkörniges Gefüge und geringe Restporosität entscheidend verbessert werden [Munz89]. So ist eine deutliche Steigerung der Festigkeit und der Härte für Korngrößen unterhalb von 1 µm [Krel05] bei gleichzeitiger Verbesserung des Ermüdungsverhaltens [Grat91] beobachtbar. Der Anstieg der Festigkeit ist jedoch nicht wie bei Metallen mithilfe der Hall–Petch Beziehung zu begründen, sondern wird auf die Anisotropie des thermischen Wärmeausdehnungskoeffizienten zurückgeführt. Diese bedingt, dass sich im Gefüge lokal Eigenspannungen einstellen, die neben der Korngröße auch von der Abkühlrate abhängen. Da diese Eigenspannungen mit zunehmender Korngröße steigen, nehmen gleichzeitig die zu erwartenden Festigkeiten mit gröber werdendem Korn ab [Evan78].

Die großen Unterschiede der Gitterparameter $a_0 = 0{,}475$ nm und $c_0 = 1{,}297$ nm bedingen die anisotropen mechanischen Eigenschaften des Kristalls, welche aber in polykristallinen Bauteilen aus Aluminiumoxid nicht zum Tragen kommen, da sich die Vielzahl der räumlichen Orientierungen der einzelnen Kristallite in einem quasi–isotropen Verhalten äußern.

Folgende Aufzählung enthält Anwendungen, für die sich insbesondere die optischen Eigenschaften von Aluminiumoxid in Kombination mit seinen mechanischen Eigenschaften als vorteilhaft erweisen:

- transluzente Verdampferkolben für Natriumdampflampen [Wei03]

- transparente Al_2O_3 / Polymer Verbundscheiben mit hoher ballistischer Schutzwirkung [Stra09]

- transparente, kratzfeste Scheiben für Strichcode–Lesegeräte [Krel03]

2.1.2.1 Wirkung von MgO Dotierung in Al_2O_3

Die Rolle von MgO auf die Verdichtungsmechanismen in Aluminiumoxid wurde in zahlreichen Arbeiten untersucht und kontrovers diskutiert [Benn90]. Es herrscht Einigkeit darin, dass die Loslösung der Poren von den Korngrenzen durch die Zugabe von MgO unterbunden und gleichzeitig das abnormale Kornwachstum unterdrückt werden kann. Damit sind in Al_2O_3 Sinterdichten nahe der theoretischen Dichte erreichbar [Wei03]. Der Massentransport, der für die Verdichtung von entscheidender Bedeutung ist, wird sehr stark von der Konzentration an Sauerstoffleerstellen beeinflusst. In [Wei04] konnte gezeigt werden, dass die Löslichkeit von MgO in Al_2O_3 in direkter Abhängigkeit zur Korngröße steht und diese vom ausgehenden sub–µm Korn bis etwa 2 µm Korndurchmesser stetig abnimmt. Überschüssiges MgO wurde hier in Form von ausgeschiedenem Mg–Spinell an den Korngrenzen und Tripelpunkten nachgewiesen. Gleichzeitig wurde gefunden, dass bei feinkörnigem, MgO–dotiertem Al_2O_3 bereits bei Temperaturen von 1150 °C nach 176 h Glühdauer in Luft eine Verdopplung der Korngröße auftrat. Bei grobkörnigem Al_2O_3 hingegen, wie es in Natriumdampflampen zum Einsatz kommt, kann selbst nach 20.000 stündigem Einsatz trotz Oberflächentemperaturen von 1200 °C kein merkliches Kornwachstum beobachtet werden. Dies wird darauf zurückgeführt, dass die Kornwachstumsrate $d(KG)/dt$, wie aus Gl. 2.4 ersichtlich ist, umgekehrt proportional zur Korngröße KG ist [Dill07]:

$$\frac{d(KG)}{dt} = \frac{\alpha \cdot M_{KG} \cdot \gamma}{KG}.$$

Gl. 2.4

Hierin sind M_{KG} die Korngrenzenbeweglichkeit, γ die Grenzflächenenergie und α ein Proportionalitätsfaktor.

In Aluminiumoxid für optische Anwendungen führt MgO bei höheren Gehalten als 0,03 Ma$^-$% zu starker Zunahme der Sauerstoffleerstellenkonzentration an den Korngrenzen, was zu einer dunklen Verfärbung der Keramik führt. Ferner ist MgO stark hygroskopisch. Feuchte, die sich aufgrund erhöhter MgO Konzentration innerhalb der Hülle der Verdampferkolbenlampe befindet, wird im Betrieb aufgespalten in Sauerstoff und Wasserstoff, wobei der Wasserstoff zur Auslöschung des elektrischen Entladungsbogens führt und der Sauerstoff die Oxidation der Elektroden vorantreibt [Asan04].

In [Roy68] wurde die Temperaturabhängigkeit der Löslichkeit von MgO in Al_2O_3 untersucht. Hierfür wurden an Korund Wärmebehandlungen zwischen 1530 °C und 1830 °C durchgeführt, bei denen die Löslichkeitsgrenze von $1,1 \cdot 10^{-4}$ auf $14 \cdot 10^{-4}$ zunahm (Mg:Al).

Die Sinterraten sind in MgO dotierten Al_2O_3 geringer als in undotiertem. Paladino und Coble führen dies auf das Vorhandensein von entweder Sauerstoffleerstellen oder von interstitiellem Magnesium zurück. Beides senke den Diffusionskoeffizienten von Al^{3+}-Kationen, wodurch die Sinterrate im volumendiffusionsbestimmten Anfangsstadium abnehme [Pala62].

In einer jüngeren Veröffentlichung zeigten Dillon und Harmer, dass die Minderung der Korngrenzenmobilität durch Zugabe von MgO durch die Segregation der Magnesium−Ionen innerhalb und nicht wie sonst berichtet in der Nähe der Korngrenze resultiert [Dill08]. Durch diese isotrope Anreicherung von Fremdionen im Innern der Korngrenzen in Monolagen entstehe eine Rückhaltekraft, die das Voranschreiten der Korngrenze behindert und so für eine feinkörnig verdichtete Aluminiumoxid−Keramik sorge.

2.2 Formgebungsverfahren

Wie bei allen Keramiken ist auch bei Mg–Spinell und Aluminiumoxid darauf zu achten, dass Gefügeinhomogenitäten in Form von Poren vermieden werden, da diese stets zu ungewollten Spannungsüberhöhungen führen und dadurch die Wahrscheinlichkeit eines katastrophalen Bauteilversagens stark ansteigt. Ferner sind bei optischer Anwendung auch der nachteilige Einfluss jeglicher Inhomogenitäten im Gefüge auf die Transmission elektromagnetischer Strahlung, auf die im Folgenden noch eingegangen wird, zu nennen. Diese Inhomogenitäten können neben dem Vorkommen von Poren auch im Vorhandensein von Zweit– bzw. Fremdphasen begründet sein. Daher ist bereits bei der Auswahl der verwendeten keramischen Ausgangspulver darauf zu achten, dass diese in Kombination mit dem ausgewählten Formgebungsverfahren eine defektarme Gefügeeinstellung ermöglichen. Um durch Festphasensintern Gefüge kleiner Korngröße einzustellen, ist es unumgänglich, Pulver mit hoher spezifischer Oberfläche zu verwenden. Allerdings steigt mit abnehmender Partikelgröße aufgrund der großen Oberfläche gleichzeitig die Agglomerathärte stark an, was bei der Grünkörperherstellung über das Trockenpressen / CIP eine große Herausforderung darstellt, denn die Eliminierung sich daraus ergebender Poren im Grünkörper ist eine wesentliche Bedingung für den Erhalt defektarmer Gefüge. Im Gegensatz hierzu geht der Nassformgebung eine Desagglomerierung durch Mahlung voran, die bei erfolgreicher Durchführung zu einer Zerstörung sämtlicher Agglomerate führt und somit höhere Packungsdichten erlaubt [Baad95]. Jedoch ist diese mit den bereits genannten Nachteilen wie insbesondere dem hohen Zeitaufwand von bis zu einer Woche zum Erhalt des trockenen Scherbens verbunden.

Abb. 2.3 verdeutlicht den Zusammenhang zwischen Partikelgröße und Packungsdichte bzw. Homogenität der Packung im Grünkörper [Krel09]. Es ist zu erkennen, dass sich eine hohe Sinteraktivität, die eine notwendige Bedingung für niedrige Temperaturen bei der Verdichtung und somit für geringes Kornwachstum darstellt, sowohl mit der Forderung nach hoher Packungsdichte verbunden ist als auch gleichzeitig einer geringen Partikelgröße bedarf.

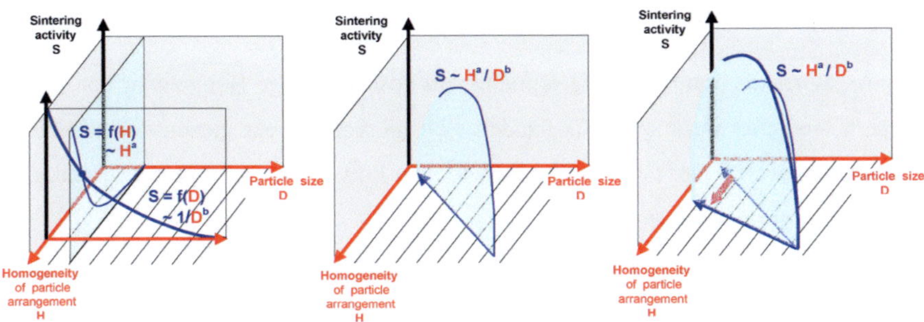

Abb. 2.3: Sinteraktivität als Funktion der Partikelgröße und der Homogenität der Partikelanordnung [Krel09].

In der linken Graphik in Abb. 2.3 ist dargestellt, wie die Sinteraktivität S einzelner Partikel mit zunehmender Größe D abnimmt. Andererseits nimmt die Sinteraktivität der Gesamtheit aller Partikel ab, wenn die Homogenität H ihrer Anordnung reduziert wird. Dies tritt ein, wenn das Ausmaß an harten Agglomeraten in feinen Pulvern durch die zunehmende Krümmung ansteigt. Daher dürfen die Partikelgröße D und die Homogenität H nicht einzeln betrachtet werden, sondern sie bilden vielmehr gemeinsam die Sinteraktivität S (Abb. 2.3, mittleres Bild). Im rechten Bild ist dargestellt, wie die Sinteraktivität bei unverändertem Sinterpulver durch Verbesserung der Homogenität der Partikelordnung erhöht werden kann. Gleichzeitig nimmt die Sinteraktivität bei abnehmender Partikelgröße nach Durchschreiten eines Maximums wieder ab, da die Wahrung einer hohen Homogenität der Partikelanordnung nicht mehr gewährleistet werden kann, weil die Härte der Agglomerate wie bereits erläutert stark ansteigt.

Die Formgebung dient dazu, dem Bauteil seine endgültige Gestalt zu geben. Während des anschließenden Sintervorgangs ändern sich die Abmessungen und das sich einstellende Gefüge ist bestimmend für die Festigkeit. Während der Sinterung kann die auftretende Schwindung in Keramiken bis zu 25 % betragen [Scha94]. Nachfolgend werden die Formgebungsverfahren, die im Rahmen dieser Arbeit Anwendung finden, vorgestellt.

2.2.1 Axialpressen

Das Axialpressen ermöglicht die schnelle und kostengünstige Herstellung von Grünkörpern einfacher Geometrie. Es handelt sich hierbei um ein gut automatisierbares Formgebungsverfahren, bei dem das aufbereitete Pulver einachsig verpresst und ggf. anschließend kaltisostatisch gepresst wird.

Das Axialpressen findet in Werkzeugen, bestehend aus Matrize, Ober– und Unterstempel, statt, die aus Edelstahl beziehungsweise Hartmetall gefertigt sind. Abb. 2.4 zeigt die Dichteverteilung eines einachsig gepressten Al_2O_3 Grünkörpers.

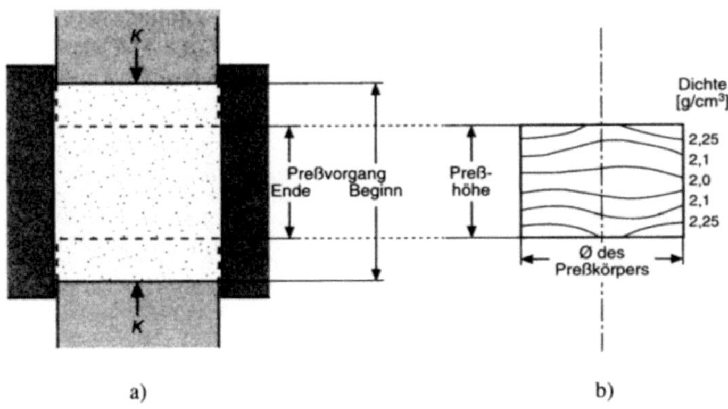

Abb. 2.4: a) Schematische Darstellung des einachsigen Pressens, b) Dichteverteilung in einem beidseitig gepressten Al_2O_3 Formkörper [Scha94].

Es ist zu sehen, dass die Gründichte innerhalb des abgebildeten Querschnitts um bis zu 0,25 g/cm³ bzw. etwa 10 % variiert. Dies wird im wesentlichen bedingt durch die Wechselwirkungen der Pulverpartikel untereinander und durch die Reibung zwischen dem Pulver und der Formwand. Das an das Axialpressen anschließende kaltisostatische Pressen dient der Minimierung von Dichtegradienten, die beim Sintern zu ungewolltem Verzug führen können. Gleichzeitig wird durch die Anwendung von Drucken in der Größenordnung 200 – 400 MPa die integrale Dichte des Grünkörpers weiter erhöht, wodurch die Sinteraktivität angehoben wird.

Bei industrieller Anwendung des Trockenpressens werden zum Schutz des Werkzeugs Presshilfsmittel verwendet, die insbesondere die Standzeit der Werkzeuge erhöhen sollen, da die abrasive Beanspruchung des selbigen durch das zu verpressende Pulver minimiert wird. Hierfür kommen sowohl Polymere zum Einsatz als auch Wachse, wobei diese vor der eigentlichen Verdichtung bei Temperaturen von etwa 400 – 500 °C ausgebrannt werden müssen.

2.2.2 Nassformgebung

Die wohl wichtigsten Vorteile der Nassformgebung gegenüber dem Trockenpressen sind die Möglichkeiten der Herstellung von Grünkörpern komplexer Gestalt und der Einstellung höherer Gründichten bzw. Partikelkoordination. Suspensionen wie sie in der Naßformgebung eingesetzt werden, sind disperse Systeme aus einem flüssigen Medium, beispielsweise Wasser, und einer Feststoffphase. Um eine stabilisierte Suspension zu erhalten, müssen mehrere Schritte durchlaufen werden. Zunächst müssen die Partikeloberflächen durch das Wasser benetzt werden. Danach ist es notwendig, die Agglomerate aufzubrechen. Bei der anschließenden Stabilisierung des Schlickers wird verhindert, dass es zu einer erneuten Agglomeration kommt. Zur Stabilisierung der Suspension lassen sich folgende Verfahren anwenden [Lewi00]:

- elektrostatische Stabilisierung

- sterische Stabilisierung

- Verarmungsstabilisierung

Bei elektrostatischer und bei sterischer Stabilisierung wird die Reagglomeration durch Manipulation der repulsiven Energien der Partikeloberflächen verhindert. Eine elektrostatische Stabilisierung kann durch Einstellung des pH–Wertes oder auch durch die Adsorption eines spezifischen Ions an der Partikeloberfläche erfolgen. Bei der sterischen Stabilisierung wird die Abstoßung der Partikel durch Absorption eines Polymers an der Partikeloberfläche erreicht.

Um eine Verarmungsstabilisierung durchzuführen wird ein nicht–adsorbierender Polymer, der im Medium löslich ist, zugegeben. Kommt es in der Suspension zur Annäherung von Partikeln, so führt das zu einer Verdrängung des Polymers aus diesem Bereich. Dieser Konzentrationsänderung wirkt das Bestreben des Systems entgegen, sein thermodynamisches Gleichgewicht einzunehmen und die lokal unterschiedlichen osmotischen Drucke auszugleichen, indem die Partikel voneinander abgestoßen werden [Lewi01].

In den nachfolgenden Abschnitten werden die Formgebungsverfahren Druckfiltration und Gipsguss, welche im Rahmen der vorliegenden Arbeit Anwendung fanden, vorgestellt.

2.2.2.1 Gipsguss

Das Gipsgussverfahren kann zur Herstellung kompliziert geformter Bauteile verwendet werden. Bei diesem Verfahren wird der Schlicker, nachdem er in der Planetenkugelmühle oder im Attritor aufgemahlen wurde, in eine poröse Gipsform gegossen. Diese poröse Form entzieht aufgrund der in ihr enthaltenen Kapillaren dem Schlicker die Flüssigkeit, so dass ein geformter Körper entsteht, der sogenannte Scherben. Um ein frühstmögliches Erstarren bei mäßigem Wasserentzug in der Gießform zu ermöglichen, wird nur so wenig Wasser bzw. Alkohol zugesetzt, dass eine hinreichend geringe Viskosität eingestellt werden kann. Dies ist notwendig, damit zum einen der Schlicker entgast werden kann und zum anderen die Schwindung so gering wie möglich bleibt.

Beim Gipsguss wird im allgemeinen kein Bindemittel verwendet [Scha94].

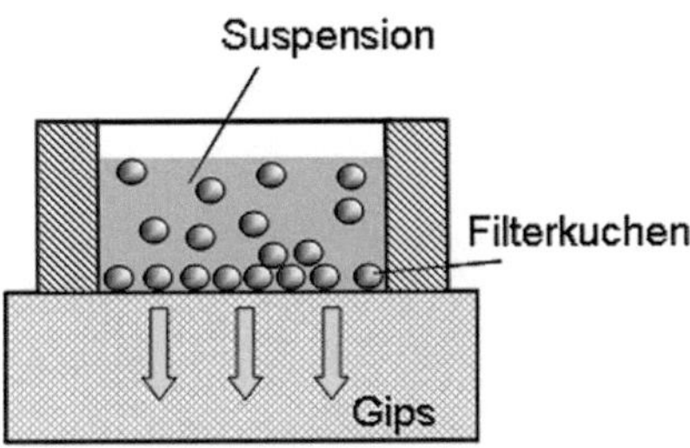

Abb. 2.5: Schematischer Aufbau des Gipsguss–Formgebungsverfahrens [Rein06].

2.2.2.2 Druckfiltration

Bei der Druckfiltration werden Schlicker verwendet, die einer Aufbereitung entsprechend der des Gipsgusses unterzogen wurden. Ein wesentlicher Unterschied zum Gipsguss besteht darin, dass die Entziehung der Flüssigkeit aus dem Schlicker gasdruckunterstützt vollzogen wird. Hierdurch wird der Zeitbedarf für die primäre Trocknung von mehreren Tagen auf wenige Minuten reduziert. Aufgrund der gasdruckunterstützten Formgebung können bei der Druckfiltration auch Schlicker verwandt werden, die eine etwas niedrigere Feststoffkonzentration als beim Gipsguss aufweisen. Dies erweist sich unter Umständen als sinnvoll beim Verarbeiten von Pulvern großer Oberfläche, da hierdurch die der Formgebung vorangehende Entgasung erleichtert wird und somit die Wahrscheinlichkeit des Einbringens großer Poren minimiert wird. Abb. 2.6 zeigt den schematischen Aufbau einer Gasdruckfiltrationsanlage im Labormaßstab.

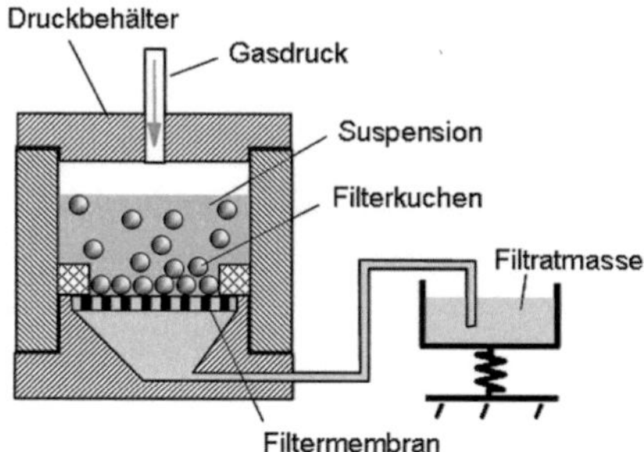

Abb. 2.6: Schematischer Aufbau einer Gasdruckfiltrationsanlage [Both00].

2.3 Sintertechnologie

Zur Verdichtung von Keramiken kommen sowohl drucklose als auch druckunterstützte Verfahren zum Einsatz. In den folgenden Abschnitten werden prominente Vertreter beider Kategorien, namentlich das drucklose Sintern mit anschließender druckunterstützter Endverdichtung in der **Heiss−Isostat Presse** (HIP) und die druckunterstützte **Field Assisted Sintering Technique** (FAST) vorgestellt.

2.3.1 Sinter / HIP

Die Verdichtung von Bauteilen über das Sintern bedarf der Herstellung von Grünkörpern über ein vorangegangenes Formgebungsverfahren. Das Sintern erfolgt je nach Ausgangszusammensetzung des Pulves als Festphasensintern oder als Flüssigphasensintern.

Die meisten oxidischen Keramiken, wie beispielsweise $\alpha-Al_2O_3$ oder $MgAl_2O_4$, können − hinreichend kleine Partikelgrößen vorausgesetzt − ohne den Zusatz von Sinterhilfsmittel über das Festphasensintern verdichtet werden. Das Festphasensintern lässt sich in drei Bereiche einteilen: Anfangs−, Zwischen− und Endstadium.

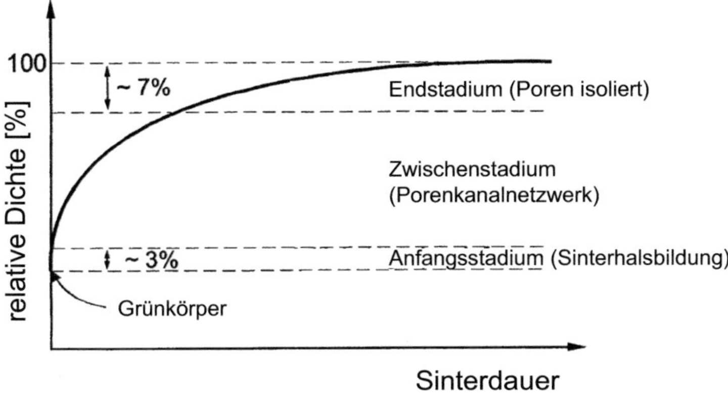

Abb. 2.7: Qualitativer Sinterkurvenverlauf beim Festphasensintern [Kang05].

Im **Anfangsstadium** bewirkt der Materialtransport durch Oberflächendiffusion die Ausbildung konkaver Hälse zwischen den sich berührenden Partikeln. Dies führt zwar zu einer Erhöhung der Festigkeit des Formkörpers, es führt aber nur unwesentlich zu einer Erhöhung der Dichte. Gleichzeitig wird jedoch die Triebkraft gesenkt, da die Oberfläche durch die Zunahme der Kontaktflächen verkleinert wird. Die Partikel liegen bereits in lokal eng zusammengelagerten Clustern vor, sind aber von größeren Hohlräumen umgeben [Salm07]. Neben der Oberflächendiffusion kommt es im Anfangsstadium zum Materialtransport durch Verdampfungs– / Kondensationsvorgänge. Ihr Beitrag zur Vergrößerung der Kontaktflächen ist aber im Vergleich zum Materialtransport durch Oberflächendiffusion in Keramiken sehr gering. Ein weiterer Transportmechanismus, der aus Abb. 2.8 ersichtlich ist, ist die Volumendiffusion von der gekrümmten Oberfläche hin zur Kontaktfläche, die dem Konzentrationsgefälle der Leerstellen entgegen gerichtet ist.

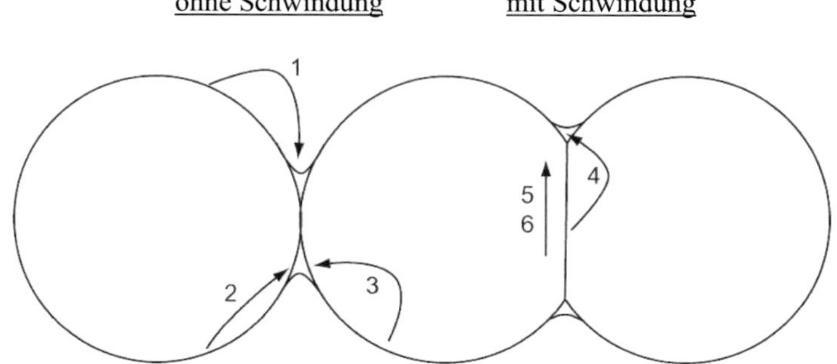

1 Verdampfung und Kondensation   4 Volumendiffusion von der Korngrenze

2 Oberflächendiffusion   5 Grenzflächendiffusion entlang Korngrenze

3 Volumendiffusion von Oberfläche   6 Kristallplastisches Fließen

Abb. 2.8: Materialtransportmechanismen beim Sintern [Raha08]

An das Anfangsstadium schließt das **Zwischenstadium** an, in dem der größte Teil der Verdichtung stattfindet (bis 95 % der relativen Dichte). Die Anzahl der Porenkanäle wird durch die Koaleszenz selbiger stark reduziert. Gleichzeitig zur Kornformänderung tritt Kornwachstum auf. Der Materialtransport erfolgt sowohl durch Korngrenzendiffusion und bei höheren Temperaturen durch Volumendiffusion. Im Innern von Poren können Verdampfung und Kondensation auftreten.

Bei Erreichen einer Restporosität von etwa 5 % setzt das **Endstadium** ein. Es ist charakterisiert durch den Porenabschluss, d.h. die Porenschläuche werden abgeschnürt, so dass die Poren isoliert im Gefüge vorliegen und durch Kornwachstum, bei dem größere Körner auf Kosten von kleinen Körnern wachsen. In den abgeschlossenen Poren liegt nun Prozessgas vor, welches je nach Spezies entlang der Korngrenzen diffundieren kann oder beim Verringern der Porosität komprimiert wird. Dieses Sinterstadium führt zu einer langsamen Erhöhung der Dichte (Abb. 2.7).

Im Anschluss an das Festphasen– bzw. Flüssigphasensintern kann eine Nachverdichtung in der Heiss–Isostat Presse erfolgen, die zur Eliminierung der noch vorhandenen Restporosität dient. Hierbei handelt es sich um ein druckunterstütztes Verdichtungsverfahren, bei dem unter hoher Temperatur der Gasdruck erhöht wird. Da die Anwendung eines Gasdrucks zur Erhöhung der Verdichtungsrate beim kapsellosen Sinter / HIP Verfahren abgeschlossener Poren bedarf, geht der sogenannten Druckstufe eine drucklose Sinterstufe voran. Der Druckaufbau beim HIP kann bei Temperaturen erfolgen, die niedriger sind als die Sintertemperatur [Krel05], die höher sind [Sate03, Holz05] oder die der Sintertemperatur entsprechen [Maca07].

2.3.2 Field Assisted Sintering Technique

Die FAST Methode basiert auf einer modifizierten Heißpresstechnik (Abb. 2.9). Bei diesem Konzept wird im Gegensatz zu den meisten anderen Verdichtungsverfahren nicht ein zuvor hergestellter Grünkörper verdichtet, sondern das Pulver selbst im Werkzeug vorkompaktiert. Ein weiterer wesentlicher Vorteil von druckunterstützten Verdichtungsverfahren wie dem FAST ist die Aufbringung einer mechanischen Last während der Verdichtung. Dies bewirkt, dass im Anfangsstadium des Verdichtungsprozesses die Triebkraft für die Verdichtung, die sich beim freien Sintern proportional zur Oberflächenenergie γ des verwandten Pulvers verhält, zu einer um den Beitrag der mechanischen Last P_a erweiterten Triebkraft $D.F.$ ändert [Kang05]:

$$D.F. \approx \frac{4a^2}{\pi \cdot x^2} P_a + \frac{\gamma}{r} \qquad \text{Gl. 2.5}$$

hierin sind γ die mechanische Oberflächenspannung, a der Partikelradius, x der Radius des Sinterhalses und r der Krümmungsradius der Sinterhalsoberfläche.

Für das Zwischen– und Endstadium der Verdichtung ergibt sich für $D.F.$ folgende Gesetzmäßigkeit:

$$D.F. \approx \frac{P_a}{\rho} + \frac{2\gamma}{r} \qquad \text{Gl. 2.6}$$

wobei ρ die relative Dichte bezeichnet.

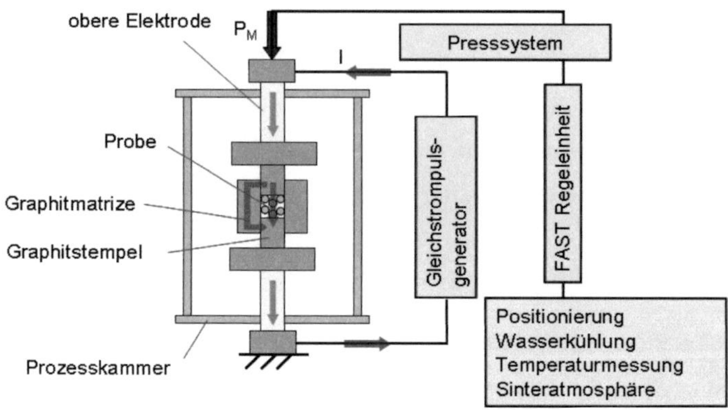

Abb. 2.9: Schema einer FAST Anlage.

Die Wärmezufuhr erfolgt durch Joulesche Erwärmung der Pressstempel und der Matrize mithilfe eines gepulsten, elektrischen Gleichstroms. Die Pulslänge liegt im ms–Bereich und kann frei gewählt werden. Besonders bemerkenswert sind die ungewöhnlich hohen Aufheiz– (bis zu 600 K/min) und Abkühlraten (bis zu 300 K/min), die in erster Linie dank der geringen Trägheit des direkt aufgeheizten Werkzeugs realisiert werden können.

Ein weiterer potentiell auftretender Mechanismus, der wissenschaftlich aber noch nicht eindeutig nachgewiesen wurde, ist das Auftreten einer Gasentladung an Kontaktpunkten des Pulvers bzw. in Bereichen, an denen die Abstände der Pulverteilchen sehr klein sind [Tok93]. Im Bereich dieses Mikrolichtbogens kann es räumlich und zeitlich begrenzt zu sehr hohen Temperaturen und Drucken kommen. Hierdurch werden an Pulveroberflächen adsorbierte Gase und Feuchtigkeit entfernt bzw. Oxidschichten aufgebrochen, so dass ein sinteraktivierender Effekt erzielt wird. Im späteren Stadium des Sintervorganges bewirkt eine durch den Stromfluss entstehende Joulesche Wärme an Orten mit hohem elektrischen Widerstand (z.B. an Korn–, Partikel– oder Phasengrenzen sowie innerhalb von Kontakthälsen) eine kurzzeitige lokale Überhitzung bei vergleichsweise niedriger Gesamttemperatur des Sinterkörpers.

In vergleichenden Untersuchungen von konventionell heißgepressten Proben mit solchen, die mittels FAST hergestellt wurden, konnte beispielsweise für Aluminiumoxid / Yttriumgranat–Kristallgemische beobachtet werden, dass höhere Aufheizraten neben kürzeren Prozesszeiten auch mit geringeren Korngrößen einhergehen können [Gao04]. Im Widerspruch hierzu stehen Arbeiten, in denen gezeigt wurde, dass geringe Heizraten zur vollständigen Verdichtung mittels FAST hilfreicher sind als schnelles Aufheizen. In [Kim07] wurden Aluminiumoxid Proben bei 1150 °C unter Variation der Heizrate verdichtet. Ausgehend von einem hochreinen Pulver mit einer Partikelgröße von 150 nm wurden bei einer Heizrate von 8 K/min Proben mit einer Porosität von 0,03 % und einer Korngröße von 0,27 µm erhalten. Unter sonst identischen Prozessparametern erhöhten sich sowohl die Porosität auf 0,59 % als auch die Korngröße auf 0,55 µm bei einer Heizrate von 100 K/min. In [Mori09] wurden fünf Heizraten zwischen 2 und 100 K/min für die FAST Verdichtung von Spinell verwendet. Auch hier konnte gezeigt werden, dass mit abnehmender Aufheizrate die Enddichte sukzessive zunimmt: von einer Enddichte von 99,8 % beginnend (100 K/min) erfolgte für eine Heizrate von 2 K/min eine vollständige Verdichtung bei gleichzeitig abnehmender Korngröße.

Weiterhin ermöglicht das Verfahren die einfache Einstellung von Temperaturgradienten innerhalb des Sinterkörpers während der Verdichtung. Dies erlaubt die Herstellung von Gradienten– und Schichtwerkstoffen mit stark voneinander abweichenden Eigenschaften (z. B. Polyimid / Aluminium [Omo95], ZrO_2 / Edelstahl [Miy99], Al_2O_3 / Nickel [Kik00]). Möglich wird die Einstellung der Temperaturgradienten durch die Verwendung von speziell geformten Pressmatrizen oder Matrizen/Stempel–Kombinationen aus unterschiedlichen Werkstoffen. Mit dieser Technik können innerhalb der Probe Temperaturunterschiede von mehreren hundert Kelvin pro Zentimeter eingestellt werden [Miya99].

2.4 Optische Eigenschaften von Keramiken

Oxidische Keramiken wie Spinell ($MgAl_2O_4$), Korund (Al_2O_3), Periklas (MgO), Yttrium–Aluminium–Granat ($Y_3Al_5O_{12}$) und ALON ($Al_{23}O_{27}N_5$) weisen im Wellenlängenbereich des sichtbaren Lichtes bei Nichtvorhandensein von Fremdphasen oder sonstiger Verunreinigungen keine Absorptionsbänder auf und können daher farblos klar verdichtet werden.

Nachfolgend werden die Wechselwirkungen erläutert, die beim Durchgang von Licht durch eine Probe, wie in Abb. 2.10 dargestellt, auftreten.

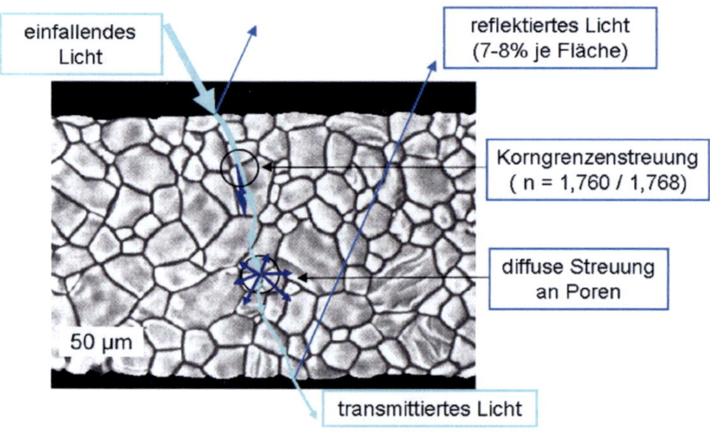

Abb. 2.10: Streumechanismen beim Lichtdurchgang durch polykristallines Al_2O_3 nach [Apet03] und [Krel09].

Sowohl beim Eintritt in als auch beim Wiederaustritt aus der Probe kommt es zu Intensitätsverlusten aufgrund von Fresnel–Reflektion und rauhigkeitsbedingter Oberflächenstreuung.

Im weiteren Verlauf treten für den allgemeinen Fall einer Oxidkeramik mit nicht–kubischem Gitter beim Durchlaufen jeder Korngrenze Verluste aufgrund von Doppelbrechung auf. Dies ist beispielsweise bei hexagonalem, polykristallinen

α–Al_2O_3 der Fall und äußert sich in Form von vorwärtsgerichteter Streuung, wenn die Korngröße, wie dargestellt, wesentlich größer als 1 µm ist. Für Al_2O_3 wird entlang der optischen Achse (c–Achse) ein Brechungsindex von 1,770 gemessen. In allen anderen Raumrichtungen wird das Licht in zwei Teilstrahlen aufgespalten, so dass der Brechungsindex je nach Orientierung zwischen 1,762 und 1,770 beträgt [Krel05].

Trifft das Licht auf Inhomogenitäten in Form von Poren innerhalb der Keramik, so kommt es zu Verlusten in Form von diffuser Streuung, d.h. das Licht wird in alle Richtungen gestreut. Allgemeingültig wird die Streuung des Lichts an sphärischen Objekten, deren Durchmesser in etwa der Wellenlänge der Strahlung entspricht, durch die Mie–Theorie beschrieben [Huls81].

Außer den Streuverlusten in Abb. 2.10 können weitere Verluste auftreten, die aufgrund von Absorption bedingt durch Verunreinigungen entstehen und im optisch sichtbaren Wellenlängenbereich zu einer Verfärbung der Probe führen können.

2.4.1 Charakterisierung von optischen Keramiken

In Abb. 2.11 sind die berechneten Verläufe der Transmission wichtiger oxidischer und oxinitridischer Optokeramiken für eine Scheibendicke von 0,8 mm aufgetragen.

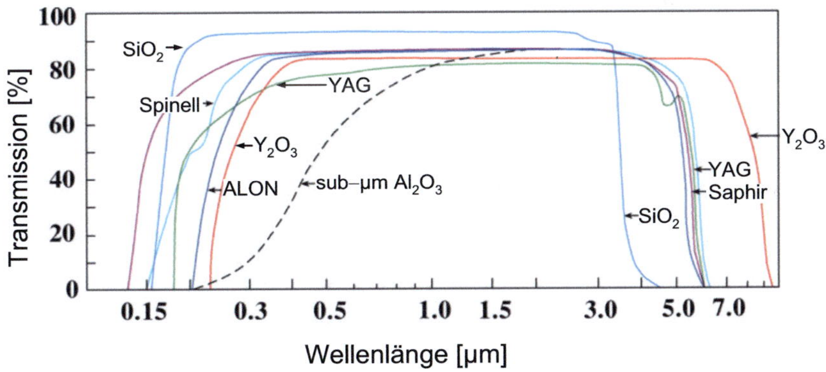

Abb. 2.11: Berechnete Transmissionsverläufe für keramische Scheiben nach [Wei05].

Der wellenlängenabhängige Verlauf der Transmission gibt Auskunft darüber, wie groß das Verhältnis der Intensitäten des austretenden Lichts zum eintretenden Licht ist. Unterschieden wird hierbei zwischen der gerichteten Transmission, also der streuungsfreien Durchdringung, und der gesamten Transmission, bei der der gestreute Anteil des austretenden Lichts mit berücksichtigt wird (Abb. 2.12).

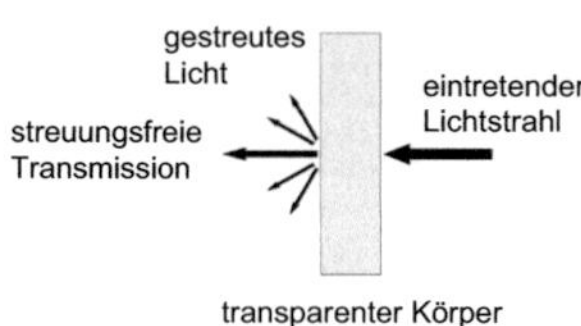

Abb. 2.12: Lichtdurchtritt mit gerichtetem und gestreutem Anteil.

Die wichtigsten experimentellen Aufbauten zur Charakterisierung der gerichteten und gestreuten Anteile der optischen Transmission sind in Abb. 2.13 dargestellt.

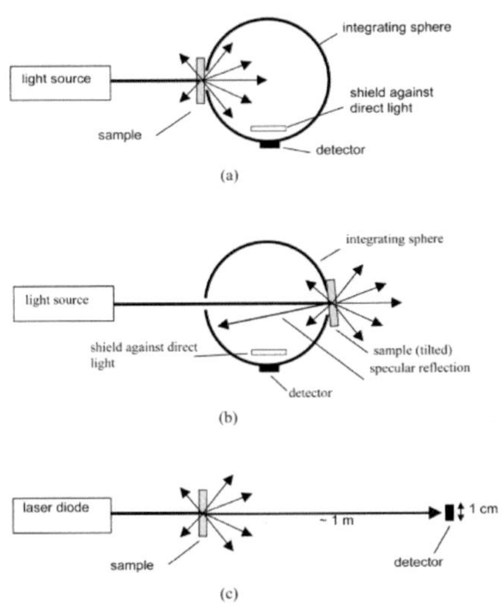

Abb. 2.13: Messaufbauten zur optischen Charakterisierung: a) Total Forward Trans-

mission, b) Total Reflection und c) Real In−line Transmission [Apet03].

Der in Abb. 2.13 a) dargestellte Aufbau dient zur Erfassung der Gesamttransmission – in der englischsprachigen Literatur als *Total Forward Transmission* bezeichnet – und gibt vereinfacht ausgedrückt Auskunft über die Lichtdurchlässigkeit einer Probe, nicht aber über seine Durchsichtigkeit. Der Aufbau besteht im Wesentlichen aus einem Spektralphotometer und ist mit einer Ulbrichtkugel ausgestattet. Bei Annahme einer absorptionsfreien Probe enthält das so aufgenommene Spektrum nur Verluste aufgrund von spiegelnder Reflektion und Verluste durch Reflektion an Poren. Der Aufbau zur Erfassung der gesamten Reflektion ist sehr ähnlich, allerdings passiert hier der Strahl zunächst die Ulbrichtkugel, bevor er auf die Probe trifft. Wenn die Probe abweichend von Abb. 2.13 b) exakt senkrecht zum einfallenden Strahl steht, dann wird die spiegelnde Reflektion eliminiert und es wird ausschließlich der rückwärtsgerichtete Anteil der diffusen Reflektion erfasst.

Die meiste Aussagekraft bezüglich der Transparenz einer Probe besitzt der wellenlängenabhängige Verlauf der sogenannten Real In−line Transmission. Hierbei wird nur der Anteil des Lichtaustritts detektiert, der um weniger als 0,5° gestreut wurde. Oberhalb eines *RIT*−Wertes von 65 − 70 % erscheint eine Probe klar transparent. Zu beachten ist, dass die Öffnungswinkel der kommerziell erhältlichen Spektralphotometer nicht einheitlich sind, sondern in den meisten Fällen 3° bis 5° betragen [Apet03].

Aus Abb. 2.11 ist ersichtlich, dass die maximal zu erwartende Transmission trotz Abwesenheit jeglicher Defekte je nach Keramik unterschiedlich groß ist. Dies kann anhand des von Apetz und van Bruggen [Apet03] vorgestellten Modells basierend auf der Rayleigh−Gans−Debye (RGD) Theorie zur Streuung des Lichts erläutert werden. Dieses Modell ist gültig für den Lichtdurchgang durch einen Festkörper bei Abwesenheit von Absorption. Es erweitert die Strahlenoptik um den Effekt der Korngröße und um den Effekt der Porosität:

$$RIT = (1 - R_S) \cdot \exp(-\gamma \cdot d).$$

Gl. 2.7

Hierin bedeuten *RIT* die Real In−line Transmission, γ die Streuverluste, d die Probendicke und R_S bezeichnet die Verluste, die aufgrund spiegelnder Reflektion an den Oberflächen auftritt, wobei gilt:

$$R_S = \frac{2R'}{1+R'} \qquad \text{Gl. 2.8}$$

mit

$$R' = \left(\frac{n-1}{n+1}\right)^2 . \qquad \text{Gl. 2.9}$$

In Gl. 2.9 ist der Brechungsindex n enthalten. Die Streuverluste γ aus Gl. 2.10 setzen sich zusammen aus der diffusen Streuung der Poren γ_{Pore} und der vorwärts gerichteten Korngrenzenstreuung γ_{KG} zu

$$\gamma = \gamma_{Pore} + \gamma_{KG} . \qquad \text{Gl. 2.10}$$

Es kann somit aus Gl. 2.7 gefolgert werden, dass die maximal zu erwartende Transmission RIT_{max} mit zunehmender Brechzahl n abnimmt, da die spiegelnde Reflektion R_S − wie aus Gl. 2.8 und Gl. 2.9 ersichtlich ist − mit größer werdendem n steigt. Ferner ist zu erkennen, dass die maximale Transmission RIT_{max} mit zunehmender Scheibendicke d abnimmt und dass es eines äußerst geringen Streukoeffizienten γ bedarf, wenn trotz großer Probendicke d eine hohe Transmission eingestellt werden soll. Schließlich bleibt noch anzuführen, dass die Korngrenzenstreuung γ_{KG} für Kristalle mit nicht−kubischer Struktur viel größere Werte annimmt als für kubische Kristalle. Aluminiumoxid ist ebenso wie Yttriumoxid ein Beispiel für eine Keramik mit Doppelbrechung. Aufgrund der genannten Zusammenhänge kann nun gefolgert werden, dass Scheiben aus Aluminiumoxid mit hoher Transparenz nur hergestellt werden können, wenn sie zum einen hohe Dichten und Reinheiten aufweisen und andererseits hinreichend dünn sind. Um letztere Behauptung zu stützen, soll die folgende Abschätzung dienen: ausgehend von einer willkürlich gewählten *RIT* von 60 % bei einer Probendicke von 1 mm ergibt sich mit $R_s = 0{,}14$ durch Einsetzen in Gl. 2.7

$$\gamma = -\frac{1}{d} \cdot \ln\frac{RIT}{1-R_S} = -\frac{1}{1mm} \cdot \ln\frac{0,60}{1-0,14} \approx 0,36 mm^{-1}. \qquad \text{Gl. 2.11}$$

Wird angenommen, dass die Porosität vernachlässigbar ist, so gilt $\gamma = \gamma_{KG}$. Soll nun die Probendicke von 1 mm auf 2 mm erhöht werden, so ergibt sich bei identischem Gefüge ein RIT-Wert für diese Dicke von

$$RIT = (1-R_S)\cdot\exp(-\gamma\cdot d) = 0,86\cdot\exp(-0,36mm^{-1}\cdot 2mm) \approx 0,42. \qquad \text{Gl. 2.12}$$

Es muss also im konkreten Fall bei einer Verdopplung der Scheibendicke von 1 mm auf 2 mm mit einer Minderung der RIT von 60 % auf 42 % gerechnet werden, wenn die sonstigen Parameter unbeeinflusst bleiben.

Für Mg–Spinell und weitere kubische Oxidkeramiken ergeben sich hohe Reinheit und die hohe Dichte als Bedingungen für gute Transparenz. Wenn diese Bedingungen erfüllt sind, können auch Scheiben mit mehreren mm Stärke hohe Transmissionen aufweisen, da keine Doppelbrechung auftritt und somit der Anteil an Korngrenzenstreuung γ_{KG} vernachlässigbar wird.

In Abb. 2.11 ist weiterhin zu erkennen, dass sich die UV–Absorptionskanten, also die Wellenlängen unterhalb derer die eintreffenden elektromagnetischen Wellen absorbiert werden, der verschiedenen Oxidkeramiken nicht entsprechen. Dies liegt darin begründet, dass die Bandlücke und somit die Energie E, die benötigt wird, um ein Elektron aus dem Valenzband in ein energetisch höhergelegenes Orbital anzuheben, sich umkehrt proportional zur Wellenlänge λ des anregenden Photons verhält (Planck–Einstein–Beziehung):

$$E = h\cdot v = \frac{h\cdot c}{\lambda}. \qquad \text{Gl. 2.13}$$

In Gl. 2.13 bezeichnet h das Plancksche Wirkungsquantum und c die Lichtgeschwindigkeit im Vakuum. Eine gewisse Zeit nach der Anregung relaxiert das Elektron und kehrt wieder in seinen Ausgangszustand zurück, wodurch es zu einer Erwärmung des Materials kommt.

Somit ist ersichtlich, warum Mg–Spinell mit einer Bandlücke von 7,75 eV eine UV–Absorptionskante kürzerer Wellenlänge aufweist als beispielsweise Yttrium-Aluminium-Granat (YAG), welches eine Bandlücke von 6,45 eV besitzt.

2.4.1.1 Einfluss der Korngröße auf die Transmission in Al_2O_3

Betrachtet man den Transmissionsverlauf von sub–µm Aluminiumoxid in Abb. 2.11, so fällt auf, dass dessen Wert im Gegensatz zu allen anderen dargestellten Verläufen unterhalb von etwa 2 µm monoton abnimmt. Dies lässt sich anhand des in [Apet03] hergeleiteten Effektes der Korngröße in Aluminiumoxid auf die Transmission erklären. Hierfür wurde die Richtungsabhängigkeit des Brechungsindexes mithilfe einer Vielzahl von monodispersen Kugeln mit einer Brechzahl n_2 und einem Durchmesser entsprechend der mittleren Korngröße modelliert. Diese Kugeln befinden sich in einer isotropen Matrix mit einem Brechungsindex n_1 von 1,76. Der streuende Querschnitt $C_{sca,KG}$ in der Matrix beträgt für den Grenzfall einer infinitesimal kleinen, streuungsbedingten Phasenverschiebung nach der Rayleigh–Gans–Debye Streuung

$$C_{sca,KG} = \frac{8\pi^3 r^4}{\lambda_m^2} \left(\frac{\Delta n}{n} \right)^2 .$$

Gl. 2.14

Gl. 2.14 stellt eine analytische Näherung der Mie Theorie dar [Huls81] und ist für Korngrößen kleiner 10 µm gültig. Wenn die Wellenlänge λ_m des einfallenden Lichts im Medium mit

$$\lambda_m = \lambda_0 / n$$

Gl. 2.15

ausgedrückt wird, so ergibt sich die Streuung aller Korngrenzen zu

$$\gamma_{KG} = 3 \frac{\pi^2 r}{\lambda_0^2} \Delta n^2 .$$

Gl. 2.16

Eingesetzt in Gl. 2.7 folgt für die Real In–line Transmission einer vollständig dichten Mikrostruktur:

$$RIT = (1 - R_S) \cdot \exp\left(- \frac{3\pi^2 r \Delta n^2 d}{\lambda_0^2} \right).$$

Gl. 2.17

Mithilfe des von Apetz und van Bruggen in [Apet03] aufgestellten formelmäßigen Zusammenhangs kann somit für doppelbrechende Keramiken wie Korund anhand des richtungsabhängigen Brechzahlunterschieds Δn, dem Korndurchmesser $2r$ und der Probendicke d in Abhängigkeit der Wellenlänge λ_0 die Real In−line Transmission bestimmt werden bzw. es kann berechnet werden, wie stark diese bei der Änderung eines Parameters variiert. Damit wird ersichtlich, wie die eingangs erwähnte markante Abnahme der RIT mit kleiner werdender Wellenlänge in polykristallinem Aluminiumoxid zustande kommt.

Dass eine geringe Korngröße unabdingbar für einen hohen RIT−Wert ist, kann anhand von Abb. 2.14 erläutert werden. Hier ist zu sehen, dass für α−Al_2O_3 ein d_{50} Wert von etwa 500 nm vorliegen muss, um eine RIT von 50 % zu erhalten. Für die Berechnung des Verlaufs wurden eine Wellenlänge von 645 nm und ein Δn von 0,005 zugrunde gelegt. Eine Probendicke von 0,8 mm wurde vorgegeben, ferner wurde der Verlauf durch experimentell ermittelte RIT−Werte an Aluminiumoxidkeramiken unterschiedlicher Korngrößen ergänzt.

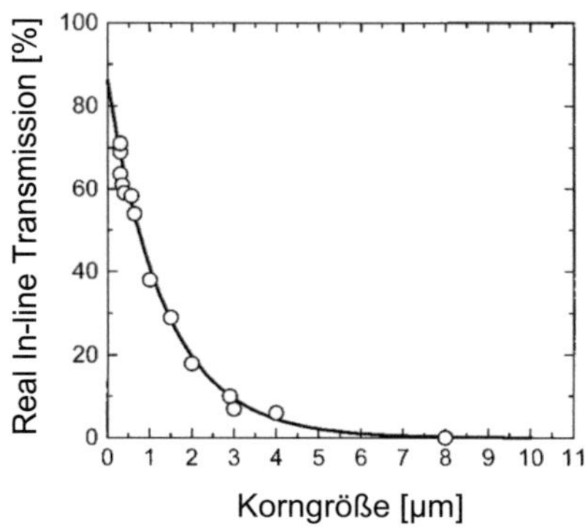

Abb. 2.14: Einfluss der Korngröße auf Real In−line Transmission in Al_2O_3 [Apet03].

2.4.1.2 Einfluss der Porosität auf die Transmission

Da das sich in den Poren befindliche Gas eine Brechzahl besitzt, die von der Brechzahl in der Keramik abweicht, wird das einfallende Licht an Poren gestreut. Die sich aus der Porosität ergebende Streuung γ_{Pore} kann für monodisperse Poren mittels Gl. 2.18 angegeben werden [Apet03]:

$$\gamma_{Pore} = \frac{p}{\frac{4}{3}\pi \cdot r_{Pore}^3} \cdot C_{sca,Pore} \qquad\qquad \text{Gl. 2.18}$$

Hierin gibt p die Porosität, r_{Pore} den Porenradius und $C_{sca,Pore}$ den effektiven Streukoeffizienten an, der numerisch mithilfe der Mie Theorie berechnet wird [Bohr83].

In Abb. 2.15 ist für Mg−Spinell (n = 1,712) der Verlauf der normierten Streuung Q_{sca}, d.h. der einheitenlosen Streuung einer Pore bezogen auf ihre Projektionsfläche, in Abhängigkeit des Porenradius aufgetragen. Eine Probendicke von 1 mm und eine Porosität von 0,01 % wurden vorgegeben. Für die Ermittlung dieses Verlaufs wurde ein zum nicht−kommerziellen Gebrauch frei verwendbares Computer Programm zur Hilfe genommen [Lave08]. Aus der damit ermittelten, normierten Streuung Q_{sca} wurde der effektive Streukoeffizient C_{sca} mit $C_{sca} = \dfrac{3 \cdot V_P \cdot Q_{sca}(r)}{4 \cdot r}$ berechnet, um anschließend mit

Gl. 2.18 und Gl. 2.7 den jeweiligen In–line Transmissionsverlauf zu bestimmen. Das verwendete Computer Programm basiert auf den von Bohren und Huffman veröffentlichten Algorithmen zur numerischen Auflösung der Mie Lichtstreuung [Bohr83].

Es ist zu erkennen, dass für sehr kleine Porenradien (< 20 nm) keine Wechselwirkung zwischen der eintreffenden elektromagnetischen Strahlung und der Fehlstelle auftritt. Weiter ist zu sehen, dass ein sehr steiler Anstieg der normierten Streuung Q_{sca} erfolgt, sobald der Porenradius etwa 100 nm beträgt, bevor Q_{sca} für Porenradien größer 250 nm in einem Plateau abklingt.

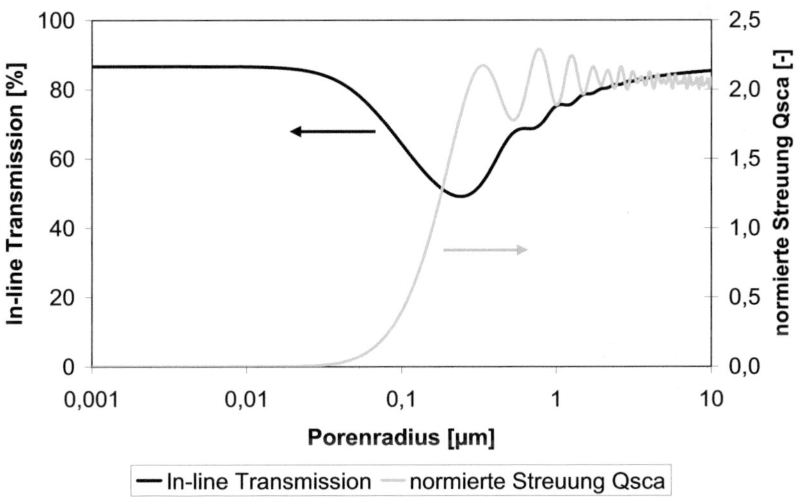

Abb. 2.15: In–line Transmission und normierte Streuung Q_{sca} in Abhängigkeit des Porenradius für Mg–Spinell: Porosität = 0,01%, Probendicke = 1 mm, Wellenlänge = 640 nm.

Der Verlauf der In–line Transmission zeigt, dass sie für eine monomodale Porosität mit einem Radius von 250 nm einen minimalen Wert annimmt, d.h. sowohl für größere als auch kleinere Poren ist eine Zunahme der In–line Transmission bei gleich bleibender Dichte gegeben. Daraus ist ersichtlich, dass die Angabe der Porosität nicht hinreichend ist, um die Transmission einer unverfärbten, optischen Keramik abzuschätzen. Eine Abnahme von 84 % Transmission bis zu einem minimalen In-line Transmissionswert von 50 % kann durch alleinige Variation des Porendurchmessers erfolgen. Ferner streuen Poren mit einem Durchmesser in der Größenordnung des sichtbaren Lichts besonders stark. Sind die Porendurchmesser bei konstanter Porosität größer als 10 μm, so ist ihre mindernde Wirkung auf die *RIT* vernachlässigbar.

In Abb. 2.16 ist ein weiterer wichtiger Zusammenhang für die Transmission dargestellt. Die Abbildung zeigt zwei Transmissionsverläufe für ein und dieselbe Probe, wobei lediglich die Wellenlänge des Lichts variiert wurde. Blaues Licht mit einer Wellenlänge von 450 nm verringert im Vergleich zu rotem Licht die minimale Transmission von 50 % auf 40 %. Gleichzeitig verringert sich der Porenradius, bei dem dieses Minimum auftritt, von 260 nm auf 170 nm.

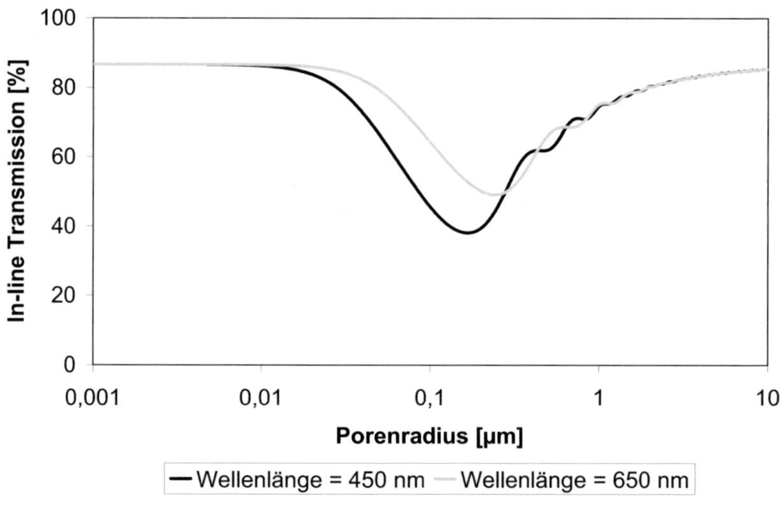

Abb. 2.16: Einfluss der Wellenlänge des Lichts auf den Transmissionsverlauf von Mg-Spinell: Porosität = 0,01 %, Probendicke = 1 mm, Brechzahl = 1,712.

Das Ausmaß der brechzahlabhängigen Transmissionsminderung ist in Abb. 2.17 dargestellt. Vergleichend abgebildet sind hier die Verläufe für kubisches Zirkonoxid ($n = 2,2$) und Magnesiumfluorid ($n = 1,38$). Kubisches Zirkonoxid weist eine sehr hohe Brechzahl auf und besitzt daher eine Brillanz vergleichbar der des Diamanten und wird daher gerne für Edelstein−Imitationen verwendet. Magnesiumfluorid hingegen zeigt einen bemerkenswert geringen Brechungsindex, weshalb es unter anderem für optische Vergütungen verwendet wird.

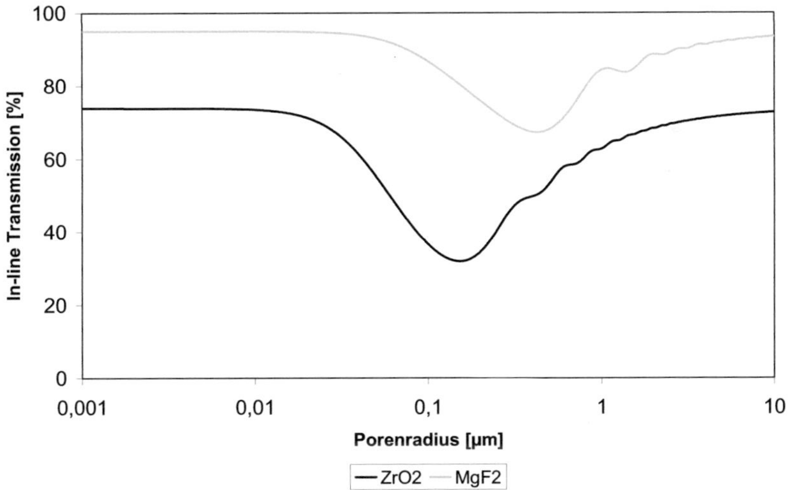

Abb. 2.17: In-line Transmission für hoch- (ZrO_2) und gering- (MgF_2) brechende Keramiken: Porosität = 0,01 %, Probendicke = 1 mm, Wellenlänge = 640 nm.

Für Magnesiumfluorid ist ein maximaler Abfall der Transmission in Abhängigkeit des Porenradius von weniger als 30 % erkennbar. Der Verlauf für Zirkonoxid zeigt, dass der bereits anfänglich geringere Transmissionswert bei einem Porenradius von 150 nm um mehr als die Hälfte von 74 % auf 32 % abnimmt.

3 Experimentelle Durchführung

3.1 Probenbeschreibung

3.1.1 Ausgangspulver

Zur Herstellung der Proben in dieser Arbeit wurden kommerziell erhältliche Pulver eingesetzt, deren Eigenschaften in Tab. 3.1 zusammengefasst sind. Das Mg–Spinell Ausgangspulver S30CR (Baikowski Chimie, Frankreich), das α–Al_2O_3 Ausgangspulver Taimicron TM–DAR (Taimei Chemicals, Japan) und das zur Additivierung eines Teils der Aluminiumoxid–Proben verwandte MgO (Handelsname 500A der Firma UBE Material (Japan)) sind jeweils Pulver hoher chemischer Reinheit (> 99,98 Ma–%). Gleichzeitig besitzen alle Pulver kleine Partikelgrößen. Die Herstellerangaben der relevanten Eigenschaften sind in Tab. 3.1 zusammengefasst.

Tab. 3.1: Eigenschaften der verwendeten Ausgangspulver

Sorte	Bezeichnung	chem. Reinheit [Ma–%]	BET [m²/g]	Partikelgröße d_{50} [µm]
$MgAl_2O_4$	S30CR Baikowski Chimie	> 99,98 %	28,6	0,20
α–Al_2O_3	TM–DAR Taimei Chemicals	> 99,99 %	14,5	0,10
MgO	500A UBE Material Ind.	> 99,98 %	31,9	0,05

Um den Korngrößeneffekt in doppelbrechendem Aluminiumoxid zu untersuchen, wurden Proben hergestellt, die mit 300 ppm MgO dotiert waren. Bei dieser Zusammensetzung wird das Lösen der Poren von den Korngrenzen effizient unterbunden und gleichzeitig abnormales Kornwachstum unterdrückt [Wei03].

Die Homogenisierung der dotierten Pulverzusammensetzungen fand nach dem unter Abschnitt 3.1.2.2 erläuterten Ablauf statt.

3.1.2 Formkörperherstellung

3.1.2.1 Formgebung durch Axialpressen/CIP

Das Trockenpressen der Grünkörper unterteilte sich in zwei Schritte. Zunächst erfolgte eine uniaxiale Vorkompaktierung mit schwebender Matrize in einem Stahlwerkzeug bei einem Druck von 25 MPa und einer Haltedauer von ca. 30 s. In dieser Zeit nahm der Druck nur marginal ab. Die Vorkompaktierung erfolgte in einer Handpresse der Firma Paul Weber mit hydraulischer, einseitiger Kraftaufbringung. Um eventuell auftretende Dichtegradienten zu beseitigen und gleichzeitig eine Erhöhung der integralen Gründichte von ca. 32 % TD für Mg–Spinell und ca. 40 % TD für Al_2O_3 auf etwa 55 % TD in beiden Fällen zu erzielen, wurden die Formkörper kaltisostatisch gepresst. Hierfür wurden sie in dünnwandige PE Folie eingepackt, evakuiert und anschließend versiegelt. Der Druck während des CIP betrug 400 MPa und wurde ebenfalls 30 s gehalten. Die Ermittlung der Grünkörperdichten erfolgte auf dem geometrischen Weg. Für die Trockenverpressung wurden den Pulvern keinerlei Presshilfsmittel zugesetzt.

3.1.2.2 Nassformgebung

Die Desagglomerierung der Pulver für die Nassformgebung erfolgte sowohl für den Gipsguss als auch für die Druckfiltration in der Planetenkugelmühle (PKM). Hierfür wurde der wässrige Schlicker unter Verwendung von ZrO_2 Mahlaggregaten mit einem Durchmesser von 10 mm aufbereitet. Die Beladung entsprach hierbei einem Massenverhältnis von 1 g Pulver zu 2 g Mahlkörper. Die Mahlbecher bestanden aus Polyamid. Die Drehzahl wurde binnen einer Minute auf 200 min^{-1} eingestellt und für 30 min gehalten. Um eine Aufagglomerierung des Pulvers zu unterbinden, wurden sowohl

Schlicker angesetzt, die elektrosterisch unter Zuhilfenahme des kommerziell erhältlichen Polyelektrolyten Dolapix CE64 der Firma Zschimmer & Schwarz stabilisiert wurden, als auch Schlicker aufbereitet, die elektrostatisch unter Zugabe von Salpetersäure stabilisiert wurden. Die Menge des zugesetzten Polyelektrolyten richtete sich nach der spezifischen Oberfläche des zu stabilisierenden Pulvers und betrug 0,7 mg pro m^2 Pulveroberfläche.

Bestimmend für die Auswahl der Feststoffkonzentration waren zum einen die gute Gießfähigkeit und Entgasbarkeit der Suspension. Andererseits sollte der Anteil an Feststoff in der Suspension möglichst hoch sein, da in [Rein06] für Al_2O_3 gezeigt wurde, dass bei guter Stabilisierung des Schlickers hohe Feststoffkonzentrationen mit hohen Gründichten von Scherben, welche über Gipsguss oder Druckfiltration hergestellt werden können, einhergehen. Dieser Kompromiss war bei Aluminiumoxid für eine Volumenkonzentration c_v = 48 % bzw. eine Massekonzentration c_m = 79 % erfüllt.

Nach der Aufmahlung erfolgte eine 30 minütige Lagerung bei 5 °C mit anschließender Entgasung im Exsikkator bei 50 mbar.

3.1.2.2.1 Gipsguss

Die Formgebung über Gipsguss erfolgte in Kunststoffmatrizen mit einem Durchmesser von 40 mm. Zwischen Kunststoffmatrize und Gipsplatte wurde jeweils ein Membranfilter der Handelsbezeichnung Sartorius Sartolon mit einer nominellen Porengröße von 0,2 µm platziert, um eine Kontamination des Schlickers mit Verunreinigungen aus dem Gips zu verhindern. Die Vortrocknung der Scherben erfolgte in einem Zeitraum von zwei bis drei Tagen. Nach der anschließenden Entformung aus den Kunststoffmatrizen erfolgte eine Verwahrung an Luft für einen weiteren Tag, bevor die Grünkörper zur endgültigen Trocknung 24 h – 48 h bei 70 °C im Umluftschrank gelagert wurden.

3.1.2.2.2 Druckfiltration

Die Herstellung der Scherben über Druckfiltration erfolgte in einer Laboranlage entsprechend Abb. 2.6 bei einem Gasüberdruck von 1 MPa. Der Schlicker wurde hierfür in eine Kunststoffmatrize mit einem Durchmesser von 44 mm gegossen. Nach dem

Schließen der Druckkammer wurde der Gasdruck innerhalb einer Minute auf Maximaldruck erhöht. Das Entfernen des Wassers erfolgte über Filtration mithilfe von PA Membranen (Sartorius, Sartolon) entsprechend der auf Gips abgegossenen Scherben und war innerhalb einer halben Stunde abgeschlossen. Die so vorgetrockneten Proben wurden anschließend einen Tag an Luft verwahrt, bevor sie zur endgültigen Trocknung weitere 24 h bei 70 °C im Umluftofen gelagert wurden.

3.1.3 Konsolidierung

3.1.3.1 Sinterung im Kammerofen

Die drucklose Sinterung der Proben erfolgte in einem elektrisch beheizten Kammerofen (Nabertherm HAT 16/17) mit Molybdän–Disilizid ($MoSi_2$)–Heizelementen. Zur Regelung der Temperatur wurde ein im Ofenraum befindliches, gekapseltes Platin Rhodium – Platin (PtRh–Pt) Thermoelement (Typ B) verwendet. Die faserisolierte Ofenkammer war im Labormaßstab dimensioniert und fasste ein Volumen von 16 Litern. Die Proben befanden sich beim Sintervorgang in einem Al_2O_3 Glühkasten hoher chemischer Reinheit (> 99,5 %) der Firma FRIATEC mit der Handelsbezeichnung Degussit. Als Abdeckung wurde eine Aluminiumoxid–Platte gleicher Qualität verwendet.

Bis zum Erreichen von 600 °C wurden die Proben mit einer Rate von 2 K/min aufgeheizt. Hierdurch wurde ein Ausbrennen des für die Formgebung verwendeten Verflüssigers gewährleistet. Nach Erreichen dieser Temperatur erfolgte die weitere Aufheizung bis zur jeweiligen Haltetemperatur mit einer Heizrate von 10 K/min. Sofern nicht anderes angegeben, betrug die Haltezeit jeweils 90 min. Nach dem Erreichen dieser Dauer schloss sich eine temperaturgeregelte Abkühlung mit 10 K/min an.

3.1.3.2 FAST / HIP

Für die Herstellung der Proben mittels FAST kam eine Anlage der Firma FCT Systeme (Typ FCT HP D 25 / 1) zum Einsatz. Verwendet wurden Graphitwerkzeuge der Qualität R7710 des Herstellers SGL Carbon. Zur Erhöhung der Standzeit wurden Graphitfolien mit einer Stärke von 0,3 mm zwischen dem keramischen Pulver und dem Graphitwerkzeug platziert (Abb. 3.1). Während des gesamten Verdichtungsprozesses herrschte in der Ofenkammer ein Druck von weniger als 0,1 hPa Argon.

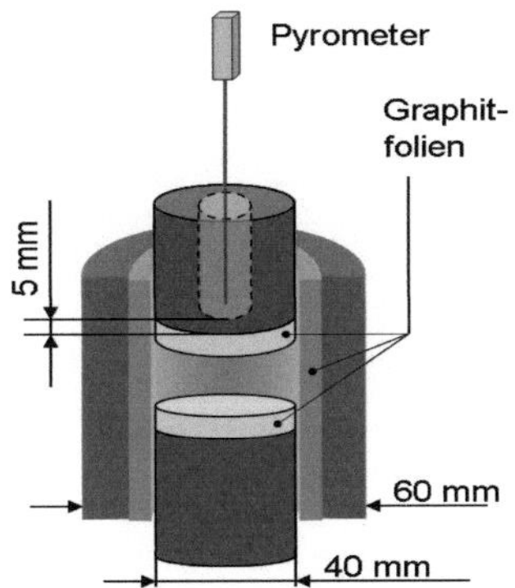

Abb. 3.1: Schema des FAST Werkzeugs mit Graphitfolieneinsatz.

Die Temperaturmessung erfolgte 5 mm oberhalb der Probe (Abb. 3.1) mittels des axial montierten, anlageneigenen Pyrometers Impac IGA5 D. Unterhalb von 450 °C erfolgte die Aufheizung des Werkzeugs leistungsgeregelt und nahm bis zum Erreichen dieser Temperatur etwa 90 s in Anspruch, woraus sich eine Heizrate von ca. 300 K/min ergab. Die Aufbringung der Last erfolgte nach Erreichen der Haltetemperatur und war innerhalb einer Minute abgeschlossen (Abb. 3.2). Die Abkühlung des Werkzeugs wurde durch Abschaltung des Stroms initiiert, hierbei stellten sich Abkühlgeschwindigkeiten von bis zu 300 K/min ein.

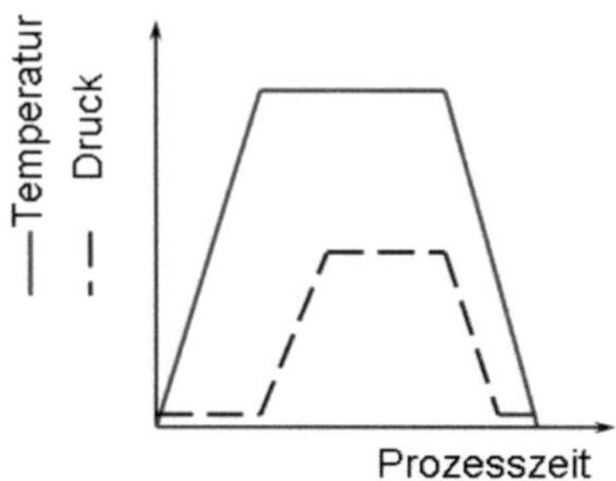

Abb. 3.2: Temperatur /− und Druck / Zeitverlauf beim FAST Prozess.

3.1.3.3 HIP Nachverdichtung

Die Nachverdichtung erfolgte nach Erreichen des Porenabschlusses in einer ASEA QIH−6 Heissisostatpresse (HIP) in Argon−Atmosphäre. Während der HIP Nachverdichtung befanden sich die Proben in einem abgedeckten Aluminiumoxid Glühkasten. Die Aufheizung in der HIP geschah über Graphitheizer und wurde mit einer Aufheizrate von 10 K/min durchgeführt. Der Druckaufbau fand simultan mit der Aufheizung statt und war bei 150 MPa abgeschlossen. Die Haltezeit betrug bei allen HIP Nachverdichtungen zwei Stunden.

3.2 Methoden zur Charakterisierung der Proben

3.2.1 Korngrößenanalyse

Vor der mikrostrukturellen Untersuchung war es notwendig, die Proben zu präparieren. Hierfür wurden die Proben nach dem Trennen in einem kaltaushärtenden Epoxidharz eingebettet. Die anschließende Schleifbehandlung erfolgte auf einem halbautomatischen Poliergerät (ATM, Rubin 520, Altenkirchen) und gliederte sich in ein Planschleifen auf metallgebundenen Diamantscheiben und ein darauffolgendes Feinschleifen auf kunststoffgebundenen Diamantscheiben. Nach der Schleifbehandlung erfolgte die Vorpolitur auf Chemiefasertüchern unter kontinuierlicher Zugabe von Diamantsuspension. Bei der abschließenden Endpolitur wurde eine Diamantsuspension mit darin enthaltenen Abrasivstoffen der Körnung 1 μm verwandt.

Um eine hinreichende Kontrastierung der Korngrenzen zu gewährleisten, mussten die polierten Proben einer Ätzbehandlung unterzogen werden. Dies geschah im Kammerofen durch thermisches Ätzen bei Temperaturen, die etwa 200 – 300 °C unter den jeweiligen Sintertemperaturen lagen mit Haltezeiten von 2 Stunden. Um zu verifizieren, dass das Kornwachstum bei dieser thermischen Behandlung vernachlässigbar war, wurden weitere Anschliffe präpariert, die nach dem Polieren in siedender Phosphorsäure geätzt wurden. Bei dieser Methode, die einen geringeren Zeitbedarf aufwies, aber einen merkbar höheren Ausschuss mit sich zog, wurde die ausgebettete Probe in ein 240 °C heißes Phosphorsäurebad gehalten, wo sie wenige Sekunden bis Minuten verweilte. Anschließend musste die Probe in siedendem, entionisierten Wasser gespült werden, um einen weiteren Ätzfortschritt zu unterbinden.

Auf die gereinigten Oberflächen wurde nach der Ätzbehandlung eine wenige nm dünne Goldschicht über das Kathodenzerstäubungsverfahren aufgebracht, um eine elektrisch leitfähige Oberfläche zu erhalten. Hierdurch konnte eine Aufladung der Proben im Rasterelektronenmikroskop (REM) unterbunden werden.

Zur Erfassung der Korngrößenverteilungen wurden zunächst Gefügeaufnahmen im REM des Typs Leica Stereoscan 440 im Sekundärelektronenmodus (SE) erstellt. Anschließend wurden die Korngrenzen auf Klarsichtfolien nachgezeichnet. Mittels des EDV Programms analySIS des Herstellers Soft Imaging System erfolgte die Ermittlung der Ferret–Durchmesser der nachgezeichneten Körner. Um eine hinreichende Statistik zu gewährleisten, wurden zwischen 500 bis 1000 Körner je Probe ausgewertet.

Alternativ zur EDV unterstützten Korngrößenermittlung wurde an ausgewählten Proben das Linienschnittverfahren angewandt. Um die Ergebnisse mit den computergestützt ermittelten vergleichbar zu halten, wurde ein Korrekturfaktor von 1,56 eingesetzt [Mend69].

3.2.2 Härte– und Risszähigkeitsbestimmung

Die Ermittlung der Härte fand an polierten Oberflächen statt, die nach dem in Unterabschnitt 3.2.1 dargestellten Ablauf vorbereitet wurden. Die Eindrucke wurden an einer Universal Härteprüfmaschine vom Typ Akashi AVK–C1 unter Anwendung einer Vickers–Diamantpyramide gesetzt, auf welche bei den Aluminiumoxid Proben eine Totlast von 10 kP wirkte. Bei den Mg–Spinell Proben betrug die Prüflast 5 kP bzw. im HIP nachverdichteten Zustand 0,3 kP. Es wurden für jede Härtebestimmung 10 Eindrucke gesetzt. Diese wurden in 2 Reihen an jeweils 5 Orten gesetzt, wobei der Abstand zwischen benachbarten Eindruckstellen 1 mm betrug.

Nach vollständiger Aufbringung der Last verblieb der Indenter 10 s in der Oberfläche, bevor er angehoben wurde und die Diagonalen des Härteeindrucks $2a$ und die Oberflächenrißlängen ℓ bestimmt wurden (Abb. 3.3). Dies geschah unter Einsatz eines EDV Programms, welches den mittels eines Lichtmikroskops vergrößerten Eindruck auswertete.

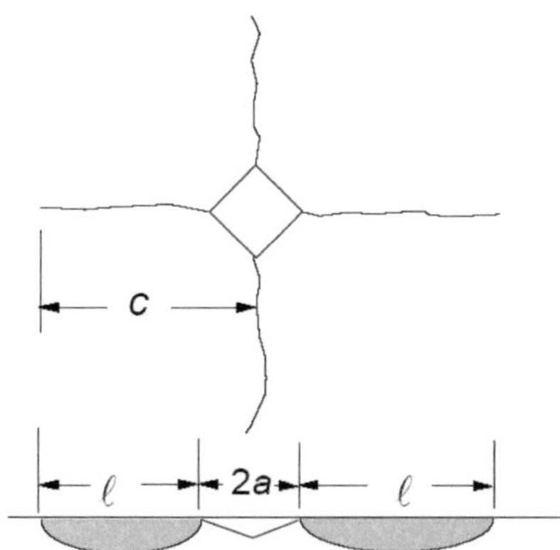

Abb. 3.3: Palmquist–Risse eingebracht über Vickerseindruck [Munz89].

Die Härte nach Vickers ergibt sich aus dem Quotienten der Prüflast und der Projektionsfläche des Indentereindrucks. Niihara gibt für die Bestimmung der Risszähigkeiten an Vickers–Eindrucken für halbkreisförmige Risse folgende Gleichung an [Niih82]:

$$K_{Ic} = 0{,}067 H \sqrt{a} \left(\frac{E}{H} \right)^{0{,}4} \left(\frac{c}{a} \right)^{-3/2}$$

Gl. 3.1

Hierin enthalten sind die Härte H und der Elastizitätsmodul E. Für die Ermittlung der Risszähigkeiten an Palmquist–Rissen wird in [Niih82] folgender Zusammenhang angegeben:

$$K_{Ic} = 0{,}018 H \sqrt{a} \left(\frac{E}{H} \right)^{0{,}4} \left(\frac{c}{a} - 1 \right)^{-1/2}$$

Gl. 3.2

Nach Niihara treten Palmquist–Risse für $c/a < 3{,}5$ auf, während halbkreisförmige Risse für $c/a > 2{,}5$ zu erwarten sind. Hieraus ergibt sich für $c/a \approx 3$ ein Bereich, in dem sowohl Gl. 3.1 als auch Gl. 3.2 zur Berechnung der Risszähigkeit angewandt werden können, wobei beide Gleichungen für diesen Bereich sehr ähnliche Werte liefern [Munz89].

3.2.3 Spektralphotometrie

Die Bestimmung der optischen Eigenschaften erfolgte an polierten Proben. Es wurden sowohl die Gesamttransmissions– als auch die In–line Transmissionsverläufe wellenlängenabhängig mithilfe eines Spektralphotometers Modell CARY 5 UV–VIS–NIR der Firma VARIAN aufgenommen. Hierbei wurden zur Eichung zunächst Spektren aufgenommen, bei denen sich keine Probe im Strahlengang befand. Anschließend wurde das Spektrum, beginnend mit 2500 nm, abgefahren, bis eine Wellenlänge von 200 nm erreicht war.

Für die Messung der Gesamttransmission wurde eine Ulbrichtkugel auf der Rückseite der Probe angeordnet. Auf diese Weise wurde die Lichtintensität detektiert, welche weder an der Oberfläche reflektiert noch in der Probe absorbiert wurde. Die eingesetzte Ulbrichtkugel stammte ebenfalls vom Hersteller VARIAN und besaß einen Durch-

messer von 110 mm. Die Beschichtung der Innenfläche bestand aus Polytetrafluor-
ethylen (PTFE).

4 Mikrostrukturelle Entwicklung

4.1 Mg–Spinell

4.1.1 Sinter / HIP

Es werden in den folgenden beiden Abschnitten zunächst die Ergebnisse vorgestellt, die bei der Herstellung von Formkörpern aus Mg–Spinell und anschließender Sinter / HIP Verdichtung erhalten wurden. Im darauf folgenden Abschnitt wird dargestellt, wie sich die direkte Verdichtung des Pulvers mittels FAST ohne vorangehende Formgebung gestaltete.

4.1.1.1 Axial gepresste Proben

Die relativen Dichten der gesinterten Proben ermittelt über die Auftriebsmethode nach Archimedes sind in Tab. 4.1 wiedergegeben. Proben, die bei Haltetemperaturen niedriger als 1500 °C gesintert wurden, konnten nicht zum Porenabschluss gebracht werden und enthalten im folgenden den Zusatz oP für offene Porosität. Diese Proben konnten nach dem Sintern nicht weiter verdichtet werden, da das Vorliegen geschlossener Porosität Voraussetzung für eine kapsellose Nachverdichtung in der Heiss–Isostatpresse ist. Weiterhin ist es für eine möglichst effektive Beseitigung der Porosität während des anschließenden HIP Zykluses notwendig, die Sinterdichte und die Korngröße gering zu halten [Weiß96]. Somit lassen sich Proben, die bei 1500 °C gesintert wurden, als vorteilhaft für eine Nachverdichtung in der Heiss–Isostatpresse identifizieren, da diese ihren Porenabschluss gerade erreicht haben und das Kornwachstum verhältnismäßig wenig fortgeschritten ist. Die Gefahr eines abnormalen Kornwachstums, wie es für nicht–additiviertes Aluminiumoxid eingehend untersucht wurde, besteht ebenfalls für Mg–Spinell und steigt mit dem Anteil an Verunreinigungen stark an [Scot02; Bae97; MacL08].

Tab. 4.1: Relative Dichten der axialgepressten Proben nach dem Sintern

Haltezeit	rel. Dichte T = 1450 °C	rel. Dichte T = 1470 °C	rel. Dichte T = 1500 °C	rel. Dichte T = 1550 °C	rel. Dichte T = 1700 °C
0,5 h	90,11 % (oP)	–	95,38 %	97,57 %	–
1,0 h	–	94,26 % (oP)	96,55 %	–	–
1,5 h	–	94,62 % (oP)	96,94 %	–	–
2,0 h	91,47 % (oP)	–	–	99,57 %	99,62 %

Die Nachverdichtung in der HIP fand unter 150 MPa Argon statt. Die erreichten Dichten nach Sinterungen zwischen 1450 °C und 1700 °C sind in Tab. 4.2 zusammengefasst.

Für Proben mit hoher Sinterdichte war es auch unter Variation der HIP Temperatur nicht möglich, eine vollständige Nachverdichtung zu erzielen. Wurde die Sinterung hingegen kurz nach Erreichen des Porenabschlusses abgebrochen und HIP nachverdichtet, so ergaben sich höhere Dichten.

Tab. 4.2: Dichten der nachverdichteten Proben, an den Seiten Sinterparameter, in den Zellen die jeweiligen HIP Temperaturen: A = 1500 °C, B = 1750 °C

Haltezeit	rel. Dichte T = 1450 °C	rel. Dichte T = 1470 °C	rel. Dichte T = 1500 °C	rel. Dichte T = 1550 °C	rel. Dichte T = 1700 °C
0,5 h	–	–	B: 100 %	A: 99,43 %	–
1,0 h	–	–	B: 100 %	–	–
1,5 h	–	–	B: 100 %	–	–
2,0 h	–	–	–	A: 99,83 %	A: 99,80 % B: 99,87 %

Zur Beurteilung des Kornwachstums, welches beim Vorgang des thermischen Ätzens auftrat, wurden Anschliffe von thermisch geätzten Proben mit Anschliffen von nasschemisch geätzten Proben verglichen. In Abb. 4.1 ist das Gefüge einer Probe dargestellt, die bei 1550 °C / 2 h gesintert wurde und anschließend heiß–isostatisch nachverdichtet wurde. Links ist das Ergebnis der nasschemischen Ätzung zu sehen, auf der rechten Seite ist die Probe nach der thermischen Behandlung dargestellt.

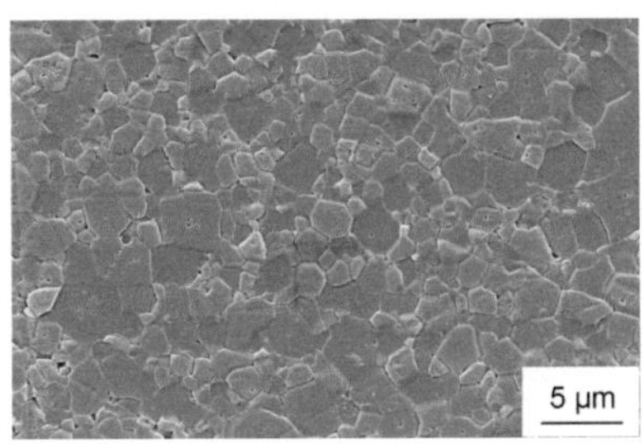

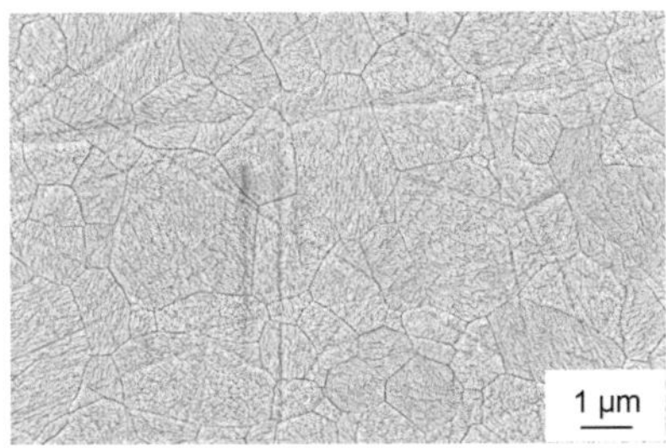

a) Nasschemische Ätzung   b) Thermische Ätzung

Abb. 4.1: Mg–Spinell Probe über Sinter / HIP konsolidiert.

Die Ergebnisse der vergleichenden Korngrößenbestimmungen mittels Linienschnittverfahren sind in Tab. 4.3 zusammengefasst:

Tab. 4.3: Korngrößen nach nasschemischem bzw. thermischem Ätzen

Bedingungen	nasschemische Ätzung	thermische Ätzung
Sinterung: 1500°C / 1 h	0,26 µm	0,28 µm
Sinter: 1550 °C / 2 h HIP: 1500°C / 2 h	2,11 µm	2,07 µm
FAST: 1240 °C / 15 min	0,32 µm	0,40 µm

Aus den Vergleichen der gesinterten bzw. FAST verdichteten Proben kann gesehen werden, dass die thermische Ätzung nicht mit einem Anstieg der Korngröße verbunden war.

Die während der Sinterung im Kammerofen entstandenen Gefügeinhomogenitäten waren auch im Anschluss an die Nachverdichtung existent. Abb. 4.2 zeigt einen Bereich der Probe, die bei 1550 °C / 2 h gesintert wurde und anschließend bei 1500 °C / 2 h unter 150 MPa nachverdichtet wurde. Weiterhin sind auf den Aufnahmen Risse aufgrund von Thermoschock zu sehen. Diese traten ausschließlich bei der nasschemischen Ätzung auf und konnten auch mit erhöhtem präparativen Aufwand nicht vermieden werden. Selbst bei einer der Ätzung in heißer Phosphorsäure vorangehenden Aufheizung der Proben mit anschließender Entfernung der heißen Säure in siedendem Wasser zur Minimierung der thermischen Beanspruchung konnte die Initiierung dieser Risse nicht verhindert werden.

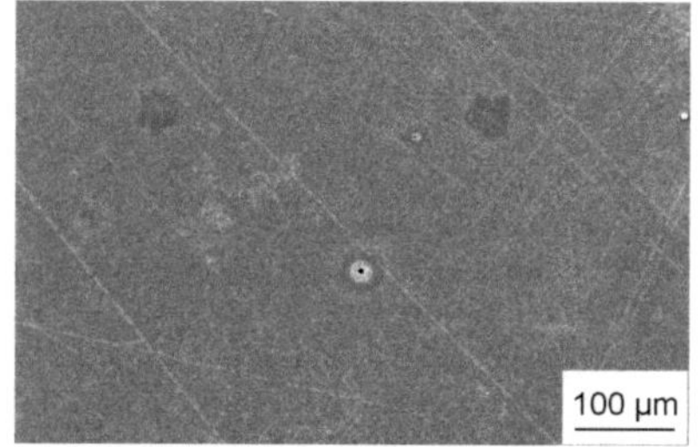

a) Übersicht Inhomogenitäten

b) Einzelne Inhomogenität mit thermoschockbedingten Rissen

Abb. 4.2: Sinter (1550 °C / 2 h) / HIP (1500 °C / 2 h) Spinell, nasschemisch geätzt.

Die Größe dieser Gefügeinhomogenitäten betrug etwa 50 µm und die Abstände benachbarter Inhomogenitäten betrugen zum Teil weniger als 200 µm.

In Abb. 4.3 ist eine Probe zu sehen, die bei 1500 °C / 1 h gesintert wurde und anschließend bei 1750 °C / 2 h unter 150 MPa nachverdichtet wurde. Es ist zu sehen, dass bei hoher HIP Temperatur der innere Porenraum und der direkt angrenzende poröse Bereich der Inhomogenität nahezu unverändert bleibt. Die Dicke der außen angrenzenden Zone ist hingegen stark gestiegen, so dass sich die Durchmesser der Inhomogenitäten nun im Bereich von 100 µm bewegen.

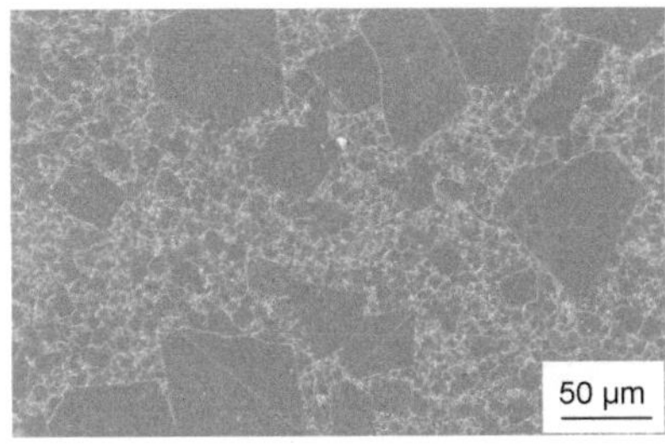
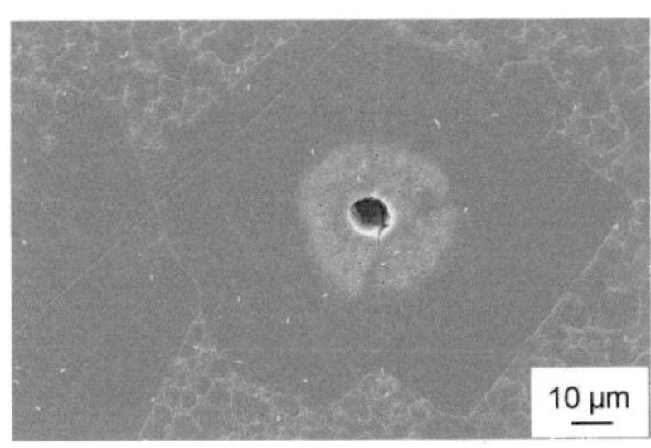

a) Übersichtsaufnahme Inhomogenitäten   b) Einzelne Inhomogenität

Abb. 4.3: Sinter (1500 °C / 1 h) / HIP (1750 °C / 2 h) Spinell, nasschemisch geätzt.

Um Aufschluss über die strukturelle und chemische Zusammensetzung zu erhalten, wurden sowohl Röntgendiffraktogramme erstellt, als auch die energiedispersive Röntgenspektroskopie (EDX) angewandt. In Abb. 4.4 ist zu sehen, dass die Netzebenenabstände und die Intensitätsverhältnisse der Spinell Probe sehr gut mit den in der pdf Datei 01–073–1959 abgelegten Daten übereinstimmen [Pass30]. Auch die EDX Analyse führte zu keinem Aufschluss über eine Fremdphase, da lediglich die zu erwartenden Elemente in der $MgAl_2O_4$ Probe detektiert wurden. Daraus kann geschlossen werden, dass entweder keine Fremdphase vorliegt oder eine Fremdphase existiert, aber ihr Anteil am Gefüge unterhalb der Nachweisgrenze liegt.

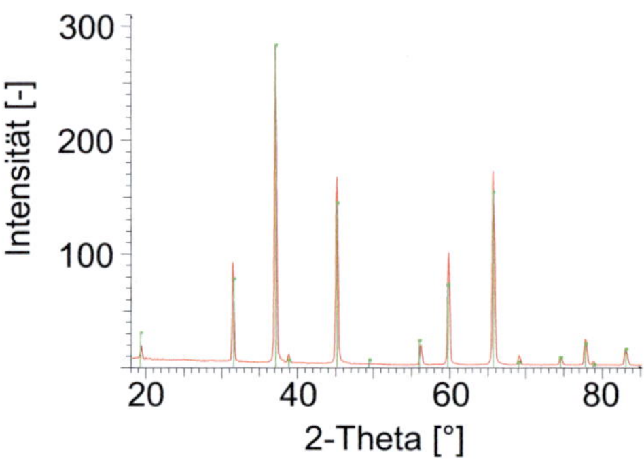

Abb. 4.4: XRD Spektrum mit Reflexlagen aus PDF 01–073–1959.

4.1.1.2   Durch Nassformgebung erhaltene Proben

Beim Ansetzen des elektrosterisch stabilisierten Schlickers wurde die vom Hersteller empfohlene Menge des Dispergators Dolapix CE64 von 0,7 mg / m² bezogen auf die Oberfläche des Spinell–Pulvers in entionisiertes Wasser zugegeben, bevor das Pulver sukzessive beigegeben wurde. Es fiel auf, dass bei Überschreiten einer Feststoffkonzentration von 20 Vol.–% reproduzierbar eine spontane Koagulation des Schlickers stattfand. Daher wurden Feststoffkonzentrationen gewählt, die unterhalb dieses Wertes lagen. Die anschießende 30 minütige Aufmahlung in der PKM führte jedoch erneut zur Koagulation, so dass eine Absenkung der Feststoffkonzentration auf 10 Vol.–% vorgenommen werden musste. Dieser hohe Wassergehalt im Schlicker ist jedoch weder bei der Druckfiltration noch beim Gipsguss wünschenswert, da das Wasser dem Schlicker durch den Filterkuchen entzogen werden muss. Daher wurde für die darauffolgenden Schlicker die elektrostatische Stabilisierung verwendet. Hierfür wurde der pH–Wert des Schlickers auf 5 eingestellt, da für diesen Wert in der Literatur ein Maximum des Zeta–Potentials angegeben wird [Zhan03]. Gleichzeitig konnte dieser Wert durch eine eigene Zeta–Potentialmessung verifiziert werden (Abb. 4.5).

Die Absenkung des pH–Wertes auf 5 wurde durch die Zugabe von 0,1 molarer Salpetersäure erreicht.

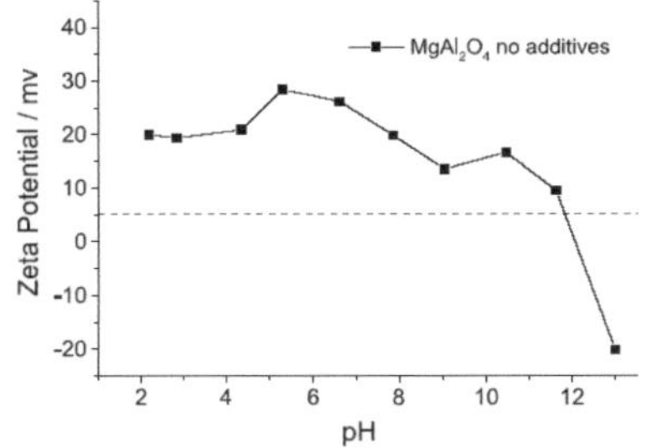

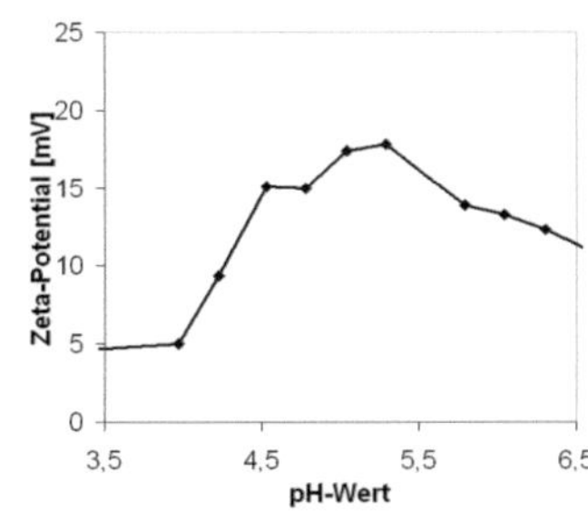

a) Zeta–Potentialverlauf nach [Zhan03]   b) Eigene Zeta–Potentialmessung für pH-Wertebereich nahe des Maximums

Abb. 4.5: Zeta–Potentialverlauf von $MgAl_2O_4$.

Für die elektrostatisch stabilisierten Schlicker wurde bezüglich der maximal handhabbaren Feststoffkonzentrationen ein gleiches Verhalten wie für die elektrosterisch stabilisierten Schlicker gefunden, daher betrug die Volumenkonzentration maximal 10 %.

In Tab. 4.4 sind die Dichten der Proben aufgeführt, deren Formkörper durch Druckfiltration erhalten wurden. Da sich die Schlicker, die entweder elektrosterisch oder elektrostatisch stabilisiert wurden, sehr ähnlich verhielten und die daraus erhaltenen Scherben in ihrer Dichte nicht merklich unterschieden, sind in Tab. 4.4 die Sinterdichten für beide Arten der Stabilisation aufgeführt. Für die nassgeformten Proben ergaben sich ähnliche Dichten wie für die trockengepresste Proben (vgl. Tab. 4.1), eine eindeutige Tendenz ist nicht zu erkennen.

Tab. 4.4: Relative Dichten der nassgeformten Proben (oP = offene Porosität)

Haltezeit	rel. Dichte T = 1450 °C	rel. Dichte T = 1470 °C	rel. Dichte T = 1500 °C	rel. Dichte T = 1550 °C	rel. Dichte T = 1700 °C
0,5 h	–	–	–	96,43 %	–
1,0 h	93,45 %	95,79 %	93,42 % (oP)	–	–
1,5 h	93,66 % (oP)	–	98,06 %	–	–
2,0 h	94,46 %	–	97,91 %	98,49 %	99,18 %

Da ein Teil der Proben, der auf geschlossenene Porosität gesintert wurde, sich während der Trocknung verzogen hatte bzw., wie in Abb. 4.6 exemplarisch dargestellt, gebrochen war, wurden nur die Proben HIP nachverdichtet, die bei 1550 °C / 0,5 h und bei 1700 °C / 2 h gesintert wurden. Bei ihnen blieben der Verzug und die Rissbildung aus. Für diese Proben ergaben sich dieselben Inhomogenitäten wie für die Proben, die über einachsiges Pressen / CIP geformt wurden. Ihre Dichten betrugen nach HIP:

Sinter 1550 °C / 0,5 h,   HIP 1700 °C / 2 h: 99,89 %

Sinter 1700 °C / 2 h,   HIP 1700 °C / 2 h: 99,86 %

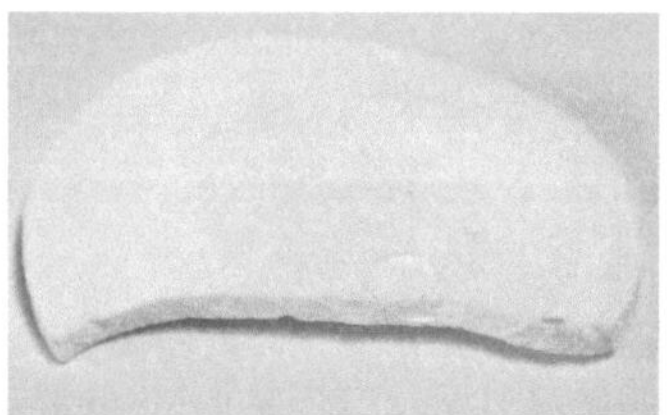 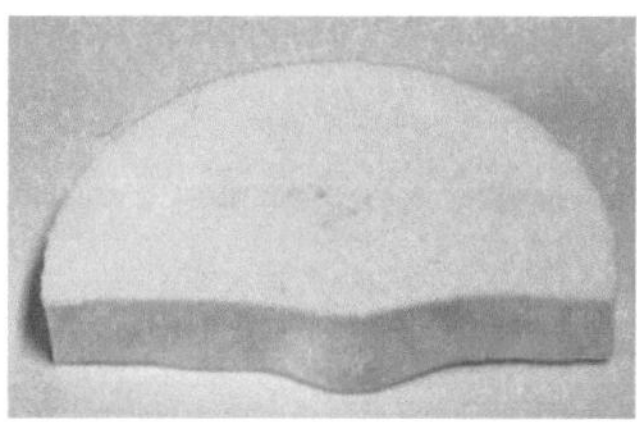

a) Auf Gips abgegossene Probe   b) Druckfiltrierte Probe

Abb. 4.6: Schlickergegossene Proben mit Trocknungsrissen und bei der Trocknung entstandenem Verzug.

4.1.2 FAST

Bei der Verdichtung in der FAST Anlage wurde im Vergleich zur drucklosen Sinterung noch eine mechanische Last aufgebracht. Um den Einfluss der selbigen auf die Gefügeausbildung zu untersuchen, wurden Proben bei unterschiedlichen Lasten verdichtet. Der Dichteanstieg mit zunehmender Haltetemperatur bei ansonsten gleich bleibenden Prozessparametern ist in Abb. 4.7 dargestellt. Bei der Herstellung dieser Proben wurde eine Last von 88 MPa und eine Haltezeit von 15 min gewählt. Die Heizrate betrug 25 K/min bis zum Erreichen von 1050 °C, oberhalb von 1050 °C betrug sie 8 K/min.

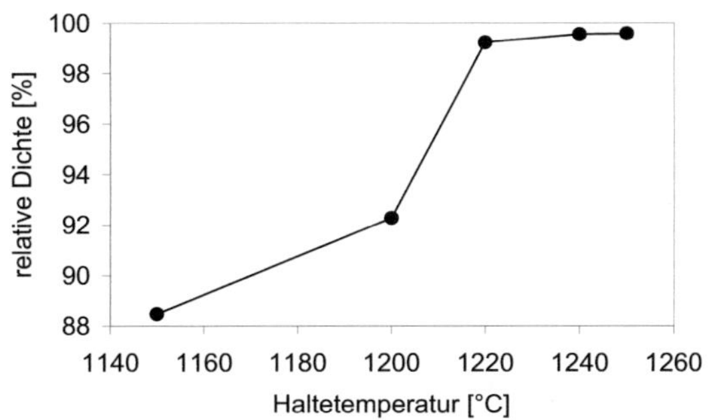

Abb. 4.7: Rel. Dichte über Haltetemperatur bei FAST – 88 MPa, 15 min Haltezeit.

Mit der Erhöhung der Haltetemperatur von 1200 °C auf 1220 °C ist bei den FAST Proben ein markanter Anstieg der Dichte von 92,3 % auf 99,2 % zu verzeichnen. Im Vergleich zu den drucklos gesinterten Proben ist bei den mittels FAST verdichteten Proben eine Absenkung der Haltetemperaturen um ca. 300 K möglich, wenn vergleichbare Dichten eingestellt werden sollen. In Abb. 4.8 ist der Anstieg der Dichte mit zunehmender Temperatur für Proben aufgetragen, die anstelle von 88 MPa unter einer Last von 64 MPa verdichtet wurden. Auch hier ist ein starker Anstieg der relativen Dichte von 90 % bei 1200 °C auf 96,4 % bei 1220 °C erfolgt, wobei erst ab 1240 °C Porenabschluss eintrat.

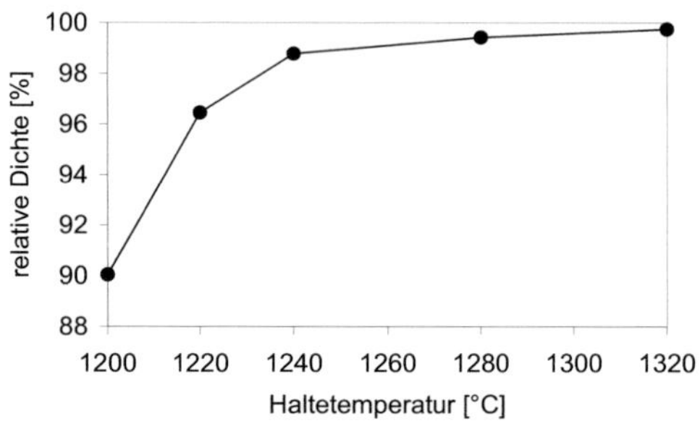

Abb. 4.8: Rel. Dichte über Haltetemperatur bei FAST – 64 MPa, 15 min Haltezeit.

Im Anschluss an die FAST Verdichtung lagen sehr geringe Korngrößen vor (Tab. 4.5).

Tab. 4.5: Korngrößen der FAST Proben mit variierenden Prozessparametern

Bedingungen	nasschemische Ätzung	thermische Ätzung
FAST: 1250 °C / 15 min / 88 MPa	0,32 µm	0,40 µm
FAST: 1400 °C / 2 min / 64 MPa	–	0,41 µm
FAST: 1250 °C / 15 min / 88 MPa HIP: 1750 °C / 2 h	20,52 µm	23,94 µm
FAST: 1400 °C / 2 min / 64 MPa HIP: 1750 °C / 2 h	–	29,73 µm

Im Laufe der Nachverdichtung nahm die Korngröße sehr stark zu, wie aus Abb. 4.9 ersichtlich ist. Die Aufnahmen zeigen das Gefüge einer FAST Probe (1250 °C / 15 min / 88 MPa) vor und nach erfolgter HIP Endverdichtung (1750 °C / 2 h / 150 MPa). Die Korngröße nahm im Verlauf dieser Nachverdichtung von 0,4 µm auf 23,9 µm zu

 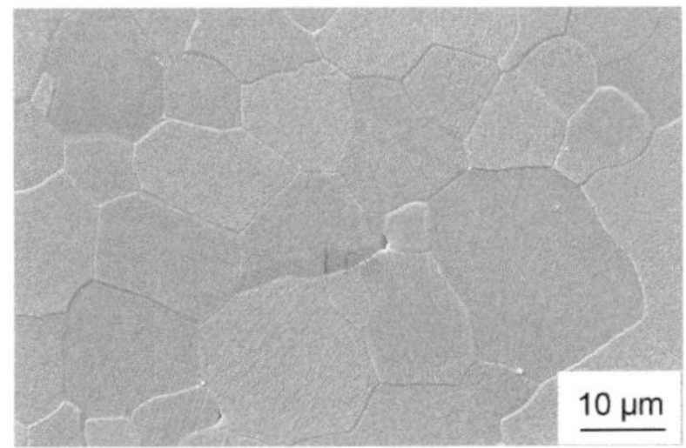

a) FAST Probe vor HIP   b) FAST Probe nach HIP

Abb. 4.9: FAST (1250 °C / 15 min) / HIP (1750 °C / 2 h), thermische Ätzung.

Eine Erhöhung der Heizrate auf 200 K/min bei gleichzeitiger Verkürzung der Haltezeit auf 2 min machte eine Anhebung der Haltetemperatur auf 1400 °C notwendig, um Proben vergleichbarer Dichte zu den unter hoher Last konsolidierten zu erhalten. Die Verkürzung der gesamten Prozesszeit in der FAST Anlage von 60 min auf 20 min und damit der Verweildauer bei hoher Temperatur führte zu keiner qualitativen Änderung der Mikrostruktur im Anschluss an die FAST Verdichtung und ging mit einem etwas stärkeren Kornwachstum auf 29,7 µm während der HIP Verdichtung einher (Abb. 4.10).

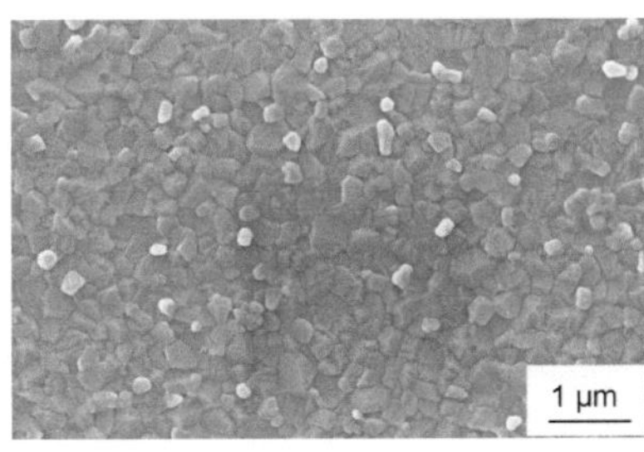 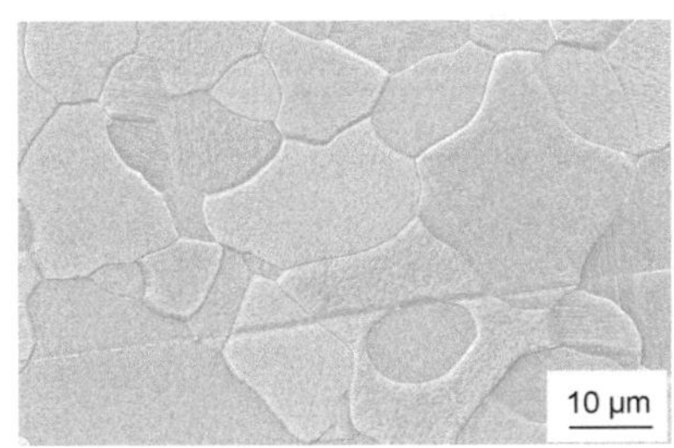

a) FAST Probe vor HIP   b) FAST Probe nach HIP

Abb. 4.10: FAST (1400 °C / 2 min) / HIP (1750 °C / 2 h), thermische Ätzung.

Neben der Haltetemperatur ist die mechanische Last bei der FAST Verdichtung ein entscheidender Prozessparameter zur Beeinflussung der Gefügeausbildung. Daher wurden Proben hergestellt, bei deren Verdichtung unter Beibehaltung sämtlicher anderer Parameter die mechanische Last variiert wurde. In der nachfolgenden Abbildung (Abb. 4.11) ist der Zusammenhang zwischen der mechanischen Last und der sich daraus ergebenden Probendichten dargestellt. Die Heisspresstemperatur betrug für alle Proben 1400 °C und wurde 30 min lang gehalten; während dieser Dauer lag die jeweilige mechanische Last an. Die Aufheizrate betrug 200 K/min.

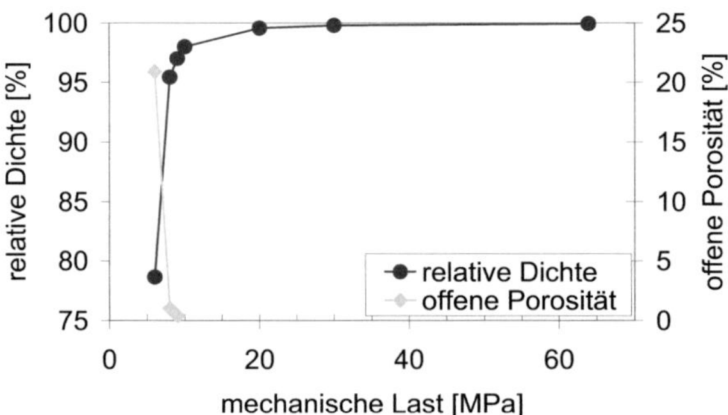

Abb. 4.11: Dichte als Funktion der Last, Haltetemperatur/–zeit: 1400 °C / 0,5 h.

Für mechanische Lasten größer 20 MPa wurden sehr hohe Dichten erzielt, während unter sonst identischen Prozessparametern bei Lasten unterhalb 20 MPa wesentlich niedrigere Dichten eingestellt wurden. Bei Aufbringung der anlagenseitig minimal vorgesehenen Stempelkraft ergab sich eine Last von 6 MPa, welche zu einer Dichte von lediglich 78,7 % führte, während die Dichte bei 20 MPa beispielsweise 99,6 % betrug.

4.1.3 Diskussion

Axial gepresste Sinter / HIP Proben

Aufgrund der hohen spezifischen Oberflächen des verwendeten Ausgangspulvers von ca. 30 m²/g und dem Nichtverwenden von Presshilfsmitteln lagen nach dem uniaxialen Pressen Formkörper mit Dichten von lediglich 35 % der theoretischen Dichte vor. Diese geringen Gründichten konnten während des nachfolgenden kaltisostatischen Pressens auf 54 % des theoretischen Wertes erhöht werden, was einem Anstieg der absoluten Dichte von 1,25 g/cm³ auf 1,90 g/cm³ entsprach. Grund für die Nichtverwendung von Presshilfsmitteln war die Bestrebung, möglichst wenig Kontamination in die Proben einzubringen, da bereits Verunreinigungen im ppm Bereich die Absorption in Optokeramiken drastisch erhöhen können [Wei03]. Ferner hätte eine anschließende Trocknung und Siebung die Gefahr einer metallischen Verunreinigung weiter erhöht. Trotzdem gelang es, eine für die Sinterung bei niedriger Temperatur hinreichend hohe Gründichten von 54 % relativer Dichte bei dem anschließenden CIP Vorgang zu erhalten. Ein gut untersuchtes Sinterhilfsmittel bei der Verdichtung von Mg–Spinell, welches die Sinterkinetik merklich beschleunigt, ist LiF. In [Roze08] wurde unter Verwendung des gleichen Spinell–Ausgangspulvers wie in der vorliegenden Arbeit der Einfluss von LiF auf die Verdichtung von $MgAl_2O_4$ in einer Heißpresse untersucht. Es wurde beobachtet, dass bereits ein geringer Anteil von 0,5 Ma.–% LiF hinreichend ist, die Verdichtung entscheidend zu verbessern und zu höheren Dichten zu gelangen. Weiterhin wurde gefolgert, dass es bei Nichtverwendung von Sinterhilfsmitteln nicht möglich ist, eine relative Dichte von 95 % – und somit den Porenabschluss – unterhalb von 1550 °C zu erreichen. Da allerdings zugleich auf die sehr diffizile gleichmäßige Verteilung des LiF hingewiesen wurde, die notwendig ist, um abnormales Kornwachstum zu unterbinden, wurde in der vorliegenden Arbeit auf die Verwendung von Sinterhilfsmitteln verzichtet. Dennoch war es mit der angewandten Vorgehensweise möglich, auf eine einfache, praktikable Art Sinterkörper mit Porenabschluss bei niedriger Temperatur zu erhalten, die für eine Nachverdichtung in der HIP eingesetzt werden konnten. Betrachtet man die Sinterdichten in Tab. 4.1, so ist ersichtlich, dass die beiden Prozessparameter Sintertemperatur und –dauer zwei zweckmäßige Größen sind, den Fortschritt der Verdichtung zu manipulieren bzw. zu stoppen.

Es ist wichtig, den Zeitpunkt des Porenabschlusses zu bestimmen, da mit zunehmender Überschreitung dessen eine effektive Verdichtung von Oxidkeramiken in der HIP erheblich erschwert wird. Dies wurde von Weiß [Weiß96] für Aluminiumoxid und ZTA eingehend untersucht und modelliert.

Experimentell hat sich diese Gesetzmäßigkeit in der vorliegenden Arbeit für die Probenkörper bestätigt, die bei 1500 °C zu 96,6 % und bei 1700 °C zu 99,6 % verdichtet wurden und anschließend gemeinsam bei 1750 °C einer HIP Nachverdichtung zugeführt wurden. Es zeigte sich, dass die niedriger gesinterte Probe eine höhere Enddichte erreichte als jene, die nach der drucklosen Sinterung bereits eine Porosität < 1 % aufwies. Dies kann mit der Tatsache begründet werden, dass im letzten Stadium der Verdichtung die Korngrenzendiffusion den entscheidenden Beitrag liefert und der Korngrenzenanteil im Gefüge mit abnehmender Korngröße stark ansteigt. Somit ist eine wirkungsvollere Defektminderung möglich, wenn zum Zeitpunkt des Einsatzes von Gasdruck noch viel Korngrenzenfläche vorhanden ist.

Zur Kontrastierung der Korngrenzen im Mg–Spinell erwiesen sich sowohl die nasschemische als auch die thermische Ätzung als geeignete Methoden. Betrachtet man Abb. 4.1, so fallen jedoch einige markante Unterschiede auf. Während der nasschemischen Ätzung der Probe fand nicht ausschließlich ein Angriff der Korngrenzen statt, sondern auch ein bemerkbarer Angriff des Korninnern. Ferner lösten sich kleine Körner in der 240 °C heißen Phosphorsäure auf. Dies trat bereits bei einer Ätzdauer von lediglich 40 s auf. Eine Verkürzung der Ätzbehandlungsdauer führte zu lokal stark unterschiedlichen Ätzfortschritten der Korngrenzen, wobei die Korninnenflächen weiterhin mit angegriffen wurden. Mangels Reproduzierbarkeit wurde von einer weiteren Verkürzung der Ätzdauer abgesehen. Es kann somit gefolgert werden, dass der Angriff von Korngrenze und –fläche beim nasschemischen Ätzen simultan erfolgt und nicht ohne weiteres voneinander entkoppelt werden kann. Für die Bestimmung der Korngröße stellte dieses Verhalten keinen Nachteil dar, hingegen entsteht bei Unkenntnis der Dichte der Eindruck, dass bei dem chemisch geätzten Probenteil eine höhere Porosität vorläge als bei dem thermisch geätzten Probenabschnitt, obwohl es sich hierbei um Anschliffe handelt, die aus derselben Probe herauspräpariert wurden. Ein weiteres ungelöstes Problem stellten die Thermoschockrisse dar, die trotz der Aufheizung der Proben vor der Ätzung und schonender Abkühlung im siedenden Wasserbad im Anschluss daran nicht vermieden werden konnten. In [Wei05] wird der zweite Thermoschockparameter $R_S{'}$, der sich nach Gl. 4.1 berechnet, für Spinell mit einem sehr geringen Wert von 185 W/m angegeben; zum Vergleich: für sub–µm Al_2O_3 wurde ein $R_S{'}$–Wert von 1612 W/m ermittelt.

$$R_S{'} = (1-v)\frac{\lambda\sigma}{E\alpha}.$$

Gl. 4.1

In Gl. 4.1 sind v die Querkontraktionszahl, λ die Wärmeleitfähigkeit, σ die kritische Thermospannung und α der Wärmeausdehnungskoeffizient [Munz89]. Zur folgenden, vereinfachten Abschätzung der auftretenden Spannungen bei der nasschemischen Ätzung wird der erste Thermoschockparameter R_S verwendet, unter der Annahme, es habe während des Abschreckens in siedendem Wasser ein unendlich großer Wärmeübergang vorgelegen (Gl. 4.2):

$$R_S = (1-v)\frac{\sigma}{E\alpha}.$$

Gl. 4.2

Umformen nach σ und Einsetzen der Parameter liefert:

$$\sigma = R_S\frac{E\alpha}{(1-v)} = 100K \cdot \frac{295GPa \cdot 7,3 \cdot 10^{-6}K^{-1}}{(1-0,25)} = 287MPa.$$

Gl. 4.3

Es ist folglich anzunehmen, dass beim Unterbrechen des Ätzfortschritts Spannungen von bis zu 300 MPa auftraten, wenn die Temperaturdifferenz unmittelbar vor / nach dem Eintauchen in siedendes Wasser 100 K betrug. In der Literatur wird die Festigkeit dichter Spinell Keramik mit Werten zwischen 117 MPa [Wei05], 183 MPa [Gane10] und 250 MPa für hochfeste Spinell Keramik [Krel09] angegeben. Daher kann geschlossen werden, dass ein zerstörungsfreier, nasschemischer Ätzvorgang in siedender

Phosphorsäure nur realisiert werden kann, wenn die Temperaturdifferenz, die beim Unterbrechen des Ätzangriffs auftritt, erheblich niedriger ist als 100 K.

Für die Minderung der Transmission beim Lichtdurchgang durch eine transparente Keramik sind Gitterdefekte bestimmend. Diese können wie erläutert durch das Vorhandensein von Fremdphasen bzw. Zweitphasen bedingt sein oder auf Porosität beruhen. Daher sind die sowohl in den trockengepressten als auch bei den geschlickerten Proben gefundenen Inhomogenitäten nicht nur bezüglich der mechanischen Eigenschaften abträglich, sondern auch in Hinblick auf die funktionellen Merkmale beim Einsatz als Optokeramik. Da es nicht möglich war, mittels Röntgendiffraktometrie bzw. EDX eine Fremdphase bzw. Verunreinigungen nachzuweisen, kann entweder schlussgefolgert werden, dass Verunreinigungen unterhalb der Nachweisgrenze vorlagen, die lokal aufkonzentriert wurden und so zum beobachteten abnormalen Kornwachstum führten. Falls die Inhomogenitäten nicht durch Verunreinigungen bedingt wurden, ist es möglich, dass harte Aggregate im Ausgangspulver vorhanden waren, die mit einer räumlich begrenzten hohen Dichte einhergingen und geschlossene Poren aufwiesen. Diese Bereiche hoher Anfangsdichte verdichten sehr frühzeitig während der Sinterung und führen lokal zu abnormalen Kornwachstum, wie es auch bei anderen hochreinen Oxidkeramiken wie Al_2O_3 beobachtet werden kann [Dill07].

Eine Zersetzung des $MgAl_2O_4$ unter Abdampfung von Mg, wie es in [Chia85] für Spinell bei Temperaturen > 1650 °C unter niedrigem Sauerstoffpartialdruck berechnet wurde, konnte bei den HIP nachverdichteten Proben nicht beobachtet werden. Diese Zersetzung hätte sich in einem abnormalen Kornwachstum in den oberflächennahen, Mg–verarmten Bereichen geäußert und in einem poröseren Bereich im Probeninnern mit feinerem Korn, wie es [Ting00] beschrieben wird. Eine differentielle Verdichtung wurde in Proben, die im Rahmen dieser Arbeit untersucht wurden, nicht beobachtet.

Nassgeformte Sinter / HIP Proben

Die Problematik der Stabilisierung von Mg–Spinell ist in der Literatur erörtert worden und es gibt Ansätze, diese mit aufwändigeren Mitteln in den Griff zu bekommen. Methoden zur Passivierung der Oberfläche, wie sie in [Olhe08] beschrieben werden, kamen in dieser Arbeit nicht zum Einsatz. Zusätzlich zur schwierigen Stabilisierung in Wasser kam beim Einsatz des verwendeten Spinell Ausgangspulvers hinzu, dass die spezifische Oberfläche des Pulvers sehr groß war. Daher konnte sowohl für die elektrosterische wie auch elektrostatische Stabilisierung beobachtet werden, wie die Aufmahlung von zuvor handhabbaren Schlickern während der kurzen Aufmahldauer zur Koagulation führte. Anhand von REM Aufnahmen konnte eine mittlere Partikelgröße von 50 nm bestimmt werden (Abb. 4.12), wobei der nicht unerhebliche Feinanteil die Stabilisierung besonders erschwerte.

Abb. 4.12: REM Aufnahme des $MgAl_2O_4$ Ausgangspulvers.

Da mit abnehmender Partikelgröße die Dicke der Stabilisierungsschicht im Verhältnis zum Partikeldurchmesser stark ansteigt und somit ihre räumliche Ausdehnung nicht mehr vernachlässigbar wird, sind für sehr feine Partikel < 100 nm weniger hohe Feststoffkonzentrationen einstellbar als für Pulver mit größeren Partikeldurchmessern. Gl. 4.4 ist eine Näherung zur Berechung der effektiven Volumenkonzentration $c_{V,eff}$ aus der nominellen Volumenkonzentration c_V [Berg94].

$$c_{V,eff} = c_V \left(1 + \frac{2\delta}{d}\right)^3.$$

Gl. 4.4

δ bezeichnet die Dicke der Stabilisierungsschicht, d den monomodalen Partikeldurchmesser. δ kann in erster Näherung sowohl für viele sterisch als auch elektrostatisch stabilisierte Suspensionen mit etwa 10 nm angenommen werden [Lewi00]. Für eine

Suspension mit einem Partikeldurchmesser von 150 nm ergibt sich mit Gl. 4.4 eine effektive Volumenkonzentration, die um den Faktor 1,5 höher ist, als die nominelle Konzentration. Bei einem Durchmesser von 50 nm beträgt dieser Faktor bereits 2,7.

Neben der effektiven Volumenkonzentration wirken sich in Pulvern mit Partikelgrößen deutlich unter 100 nm sowohl elektroviskose Effekte als auch die Brownsche Molekularbewegung sehr stark viskositätserhöhend aus [Yeh88].

Aus diesen Gründen war es trotz der geringen nominellen Feststoffkonzentration sehr schwierig, die Schlicker hinreichend zu entgasen, was wiederum eine notwendige Bedingung für die Aufmahlung und das Herstellen porenarmer Scherben darstellt.

Da die Gründichten der über die Nassformgebung gewonnenen Grünköper sich unmerklich von den Dichten der Formkörper unterschieden, die über axiales Pressen mit anschließender CIP Verdichtung erhalten wurden, konnten die benötigten Haltetemperaturen beim Sintern auf diese Weise nicht abgesenkt werden. Die Gefüge der geschlickerten Proben waren sehr ähnlich zu denen der gepressten Proben. Der Medianwert des Korndurchmessers der Probe, die durch Druckfiltration erhalten wurde und anschließend bei 1500 °C gesintert wurde, betrug 312 nm, was nahe an den 280 nm liegt, die für eine gepresste und anschließend CIP verdichtete Probe bei gleicher Sintertemperatur ermittelt wurde. Die bei den gepressten Proben gefundenen Inhomogenitäten wurden bei den geschlickerten Proben ebenfalls gefunden und nahmen mit zunehmender Temperatur ebenfalls an Größe zu. Makroskopische Gitterbaufehler resultierend aus Lufteinschlüssen aus der Formgebung konnten vermieden werden.

In [West04] wird erläutert, dass die bereits erwähnten Schwefel–Verunreinigungen, welche bei der Pulversynthese entstehen, an den Korngrenzen segregieren. Dies kann unter Umständen zu sogenanntem *swelling* führen. Hierbei setzt sich der Schwefel mit dem Sauerstoff der Umgebung während Glühbehandlungen bei hoher Temperatur zu Schwefeloxid um, was zu linsenförmigen Poren an den Korngrenzen führt. Bennison und Harmer fanden, dass dieser Effekt in schwefelverunreinigten Aluminiumoxid nur bei hinreichend hohem Sauerstoffpartialdruck auftritt [Benn85]. Wurden die Glühbehandlungen hingegen in Atmosphären mit besonders geringem Sauerstoffpartialdruck durchgeführt (p_{O_2} = 10^{-7} Pa), so blieb die Bildung der Poren entlang der Korngrenzen aus und es trat kein *swelling* auf. Es wird als unwahrscheinlich erachtet, dass die in der vorliegenden Arbeit beobachteten Inhomogenitäten im Spinell ebenfalls auf Schwefelverunreinigungen zurückzuführen sind. Ein *swelling*–Mechanismus könnte zwar erklären, warum die Körner, die innerhalb der Inhomogenitäten an die Poren angrenzen, abnormal gewachsen sind. Grund hierfür wäre der hohe Poreninnendruck, der sich verdichtungsunterstützend auf die angrenzenden Körner auswirkt. Jedoch sind die vorliegenden Poren um ein vielfaches größer als die in der Arbeit von Bennison und Harmer beschriebenen. Weiterhin wurden in der vorliegenden Arbeit die Poren nicht linsenförmig, entlang der Korngrenzen verteilt, aufgefunden. Stattdessen lagen die Poren sphärisch, umgeben von vielen Körnern, vor.

FAST / HIP Proben

Durch die mechanische Last bei der FAST Verdichtung, die wie die Oberflächenenergie eine Triebkraft zur Verdichtung darstellt, konnten die Haltetemperaturen, die für die Verdichtung notwendig waren, im Vergleich zu den gesinterten Proben um etwa 300 K reduziert werden. Wie Abb. 4.9 und Abb. 4.10 zeigen, resultierte die Absenkung der Haltetemperatur auf 1400 °C / 64 MPa bzw. 1250 °C / 88 MPa in Gefügen mit sehr hohen Dichten und geringen Korngrößen. Auffallend ist, dass es weder bei einer mechanischen Last von 88 MPa, noch bei geringeren Lasten möglich war, den Porenabschluss bei einer relativen Dichte von 95 % einzustellen. Der in Abb. 4.7 dargestellte steile Anstieg der Dichte um 7 % in einem Temperaturintervall von 20 K ist in ähnlicher Weise auch bei der Variation der mechanischen Last beobachtbar (Abb. 4.11). Dieses Verhalten ist bei einer anschließenden HIP Verdichtung wenig zweckmäßig, da die erforderlichen Temperaturen bei der Nachverdichtung mit zunehmender Sinterdichte und damit Korngröße ansteigen.

Positiv hervorzuheben bleibt, dass keine Inhomogenitäten vorhanden waren, wie es im Gefüge der gesinterten Proben der Fall war (Abb. 4.2). Das bedeutet, dass im Falle verunreinigungsbedingter Inhomogenitäten diese durch Querkontamination im Kammerofen zustande kommen. Dies könnte auf Kontaminationen in der Sinteratmosphäre zurückgeführt werden, bedingt durch den Einsatz von $MoSi_2$-Heizelementen oder Verunreinigungen in der Faserisolation des Kammerofens, die auf vorangegangene Sinterfahrten beruhen. Im Fall agglomeratverursachter Inhomogenitäten wäre es denkbar, dass bereits niedrigere Lasten bei hohen Temperaturen in der FAST Anlage ausreichten, um die Agglomerate zu zerstören, die durch CIP bei Raumtemperatur unter einem höheren Druck von 400 MPa nicht zerstört werden konnten.

Das im Vergleich zu den Sinter / HIP Proben grobe Gefüge ist für die optischen Eigenschaften nicht direkt von Nachteil, da bei polykristallinem Mg–Spinell keine Doppelbrechung auftritt. Allerdings ist eine kleine Korngröße für die mechanischen Eigenschaften vorteilhafter, da sie sowohl mit höheren Festigkeiten als auch Risszähigkeiten verbunden ist. Dies bedingt, dass feinkörnige Bauteile mit geringeren Wandstärken ausgelegt werden können, was wiederum nach Gl. 2.7 dazu führt, dass die In–line Transmission höher ist, wodurch mittelbar ein Vorteil für die optischen Eigenschaften durch ein feineres Gefüge entsteht.

In der Literatur wird an vielen Stellen von Proben mit nanoskaligen Korngrößen berichtet, die mittels FAST zu sehr hohen Dichten bei geringer Haltetemperatur verdichtet wurden. Dies ist jedoch nur unter Anwendung sehr hoher Lasten möglich, was die Verwendung speziell für diesen Einsatz umgebauter FAST Anlagen erfordert [Tamb06] oder geschieht in Pressen, die beispielsweise für die Herstellung von Industrie–Diamanten eingesetzt werden [Qi07, Lu08, Chan05].

Aus Abb. 4.13 geht hervor, dass für nanoskaliges, kubisches ZrO_2 erst oberhalb von 300 MPa keine weitere Abnahme der erhaltenen Korngröße mit zunehmender Last beobachtet werden konnte, wenn eine relative Dichte von 95 % angestrebt wurde. Weiterhin gibt der Verlauf der Temperatur Aufschluss darüber, dass eine Reduzierung der Haltetemperatur unter 1050 °C keine weitere Minimierung der Korngröße nach sich zieht, da sowohl für Haltetemperaturen von 1050 °C, 950 °C und 880 °C Korngrößen von ca. 20 nm erhalten wurden. Daher stellen für die in [Tamb06] untersuchte ZrO_2 Pulverqualität eine Haltetemperatur von 1050 °C bei einer mechanischen Last von 300 MPa Prozessparameter dar, die ein äußerst feinkörniges Gefüge (20 nm) unter geringsten werkzeugseitigen Aufwand ermöglichen.

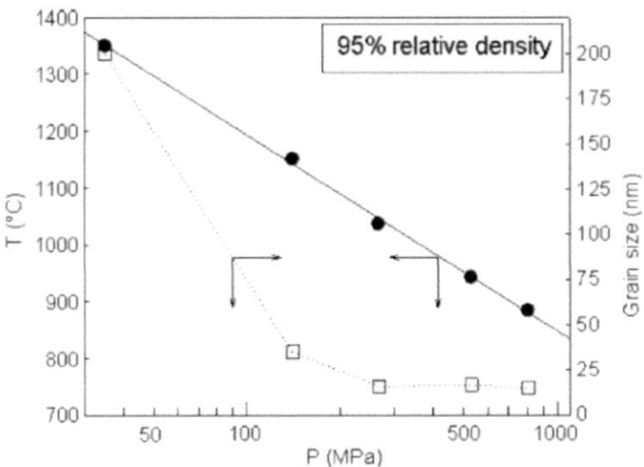

Abb. 4.13: FAST Verdichtung von nanoskaligem ZrO_2 [Tamb06].

In [Wang09] wurden mittels FAST Spinell Proben aus dem gleichen Ausgangspulver wie in der vorliegenden Arbeit verdichtet, jedoch unter Anwendung zweier Lastniveaus: bis 1250 C wirkte eine Vorlast zwischen 5 MPa und 100 MPa bei einer Heizrate von 100 K/min. Danach wurde während einer einminütigen Haltezeit bei 1250 °C die maximale Last, die für alle Proben 100 MPa betrug, aufgebracht, bevor bis 1300 °C weiter aufgeheizt wurde. Bei 1300 °C wurde die Temperatur 3 Minuten konstant gehalten und anschließend die Abkühlung eingeleitet. Alle sechs untersuchten Vorlasten führten zu Probendichten > 99,8 % und die Korngrößen lagen unabhängig von der Vorlast bei 600 – 700 nm. Im Gegensatz hierzu wurde in dieser Arbeit gezeigt, dass die sich einstellende Dichte ganz wesentlich von der aufgebrachten Last abhängt. Anhand des in Abb. 4.11 gezeigten Dichteverlaufs kann gesehen werden, dass die Erhöhung der Triebkraft beim Heißpressen nach Gl. 2.6 durch einen Anstieg der mechanischen Last unter sonst identischen Prozessparametern dafür verantwortlich ist, ob sich die Probe zu Ende der Haltezeit im Zwischen– (< 95 % rel.D.) oder Endstadium (> 95 % rel.D.) der Verdichtung befindet.

Weiterhin ist auffällig, dass eine Erhöhung der Haltetemperatur von 1200 °C auf 1220 °C sowohl bei einer Last von 64 MPa (Abb. 4.8) als auch bei einer Last von 88 MPa (Abb. 4.7) zu einem starken Anstieg der Enddichten führte. Bei 64 MPa Axiallast betrug die Zunahme der Dichte in diesem Intervall 6,5 %, bei 88 MPa stieg sie sogar um 7 %. Da sich der Diffusionskoeffizient D von Sauerstoffionen nicht diskontinuierlich ändert sondern gemäß Gl. 4.5 dem Arrhenius Gesetz folgt, ist ein solch steiler Anstieg der Enddichte ungewöhnlich.

$$D = D_0 \cdot \exp\left(-\frac{E_A}{RT}\right) \qquad\qquad \text{Gl. 4.5}$$

In Gl. 4.5 sind D_0 der Frequenzfaktor, E_A die Aktivierungsenergie für einen Platzwechsel, R die allgemeine Gaskonstante und T die absolute Temperatur. Ferner ist es ungewöhnlich, dass dieser steile Anstieg sich unabhängig von der mechanischen Last vollzieht. Sowohl unter 64 MPa als auch unter 88 MPa tritt diese starke Dichtezunahme bei 1200 °C auf.

In der Literatur wird eine markante Abnahme des E–Moduls mit zunehmender Temperatur beschrieben. Baudin hat experimentell beobachtet, dass die Steigung der E–Modulabnahme bei Temperaturen > 1200 °C etwa eine Größenordnung höher liegt, als bei niedrigeren Temperaturen und führte dies auf nicht näher erläuterte nicht–elastische Phänomene zurück [Baud95]. White und Kelkar konnten ebenfalls eine starke Abnahme des E–Moduls in diesem Temperaturregime beobachten, gingen aber ebenfalls nicht näher auf die Ursache ein (Abb. 4.14).

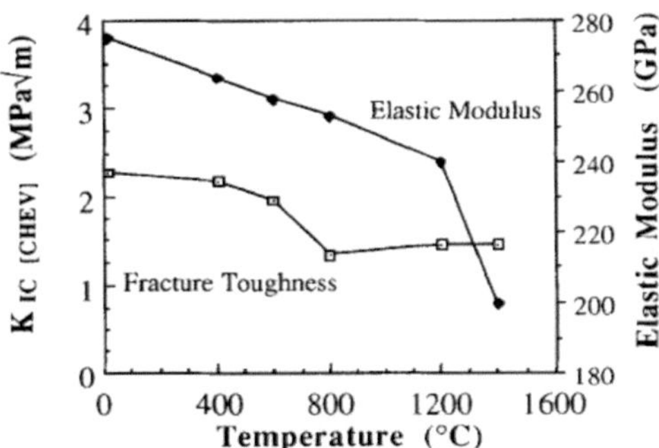

Abb. 4.14: Temperaturabhängigkeit des E-Moduls und der Bruchzähigkeit für polykristallinen Spinell [Whit92].

Diese starke Abnahme des E–Moduls könnte ursächlich für den ungewöhnlichen Anstieg der Sinterdichte bei 1200 °C sein. Im Modell in Abb. 4.15 stellen die schraffier-
ten Flächen die elastisch gespeicherten Energien im Pulverhaufwerk, das sich ideal
linear elastisch verhalten soll, dar. Auf der Abszisse ist die Dehnung und auf der Ordi-
nate die Spannung aufgetragen. Wird nun zur Veranschaulichung angenommen, dass
das Pulver 2 einen halb so großen E–Modul besitzt wie das Pulver 1, so ist ersichtlich,
dass die gespeicherte elastische Energie U_1 im System 1 nur halb so groß ist wie die
Energie U_2 im System 2. Diese Energie wird beim Heißpressen teilweise darauf auf-
gewendet, die interpartikulären Grenzflächen aufzubrechen und die Partikel gegenein-
ander zu verschieben, um so der von außen wirkenden mechanischen Last ausweichen
zu können. Wenn nun in einem System ein temperaturabhängiger, steiler Übergang
von einem höheren E–Modul hin zu einem niedrigeren stattfindet, so ist es vorstellbar,
dass aufgrund der rasch ansteigenden gespeicherten Energie und dem damit verbundenen spontanen Aufbrechen von Agglomeraten eine signifikante Zunahme der Sinterdichte stattfindet. Dies würde erklären, warum sowohl bei 64 MPa als auch bei einer
deutlich höheren Last von 88 MPa dieser starke Dichteanstieg bei 1200 °C stattfindet,
obwohl in diesem Temperaturbereich keine Änderung der Diffusionskinetik stattfindet.

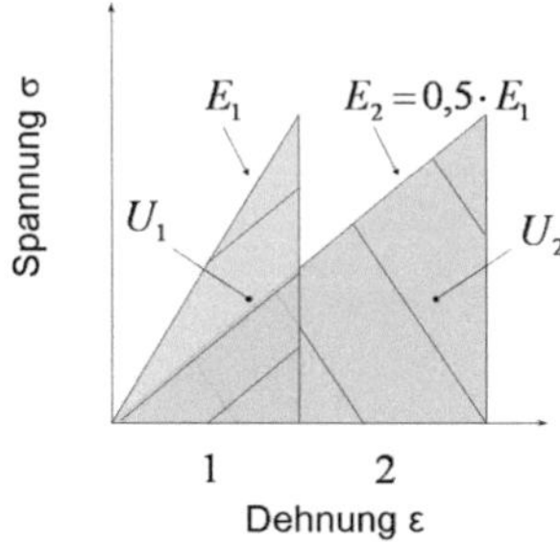

Abb. 4.15: Veranschaulichung der E–Modulabhängigkeit der elastisch gespeicherten Energie in einem ideal elastischen Pulverhaufwerk beim Komprimieren. E_1, E_2 Elastizitätsmoduln; U_1, U_2 gespeicherte Energien.

4.2 Korund

4.2.1 Sinter / HIP

Im Folgenden werden die Ergebnisse der Aluminiumoxid–Proben vorgestellt, die nach der Trockenpressung bzw. der Nassformgebung gesintert und anschließend HIP nachverdichtet wurden.

4.2.1.1 Axial gepresste Proben

In Abb. 4.16 ist der Verlauf der relativen Dichte und der offenen Porosität nach dem Sintern in Abhängigkeit der Temperatur für die undotierten Al_2O_3 Proben dargestellt.

Proben, die bei Temperaturen niedriger als 1200 °C gesintert wurden, konnten nicht für eine Nachverdichtung verwendet werden, da erst oberhalb dieser Temperatur der Porenabschluss erreicht wurde.

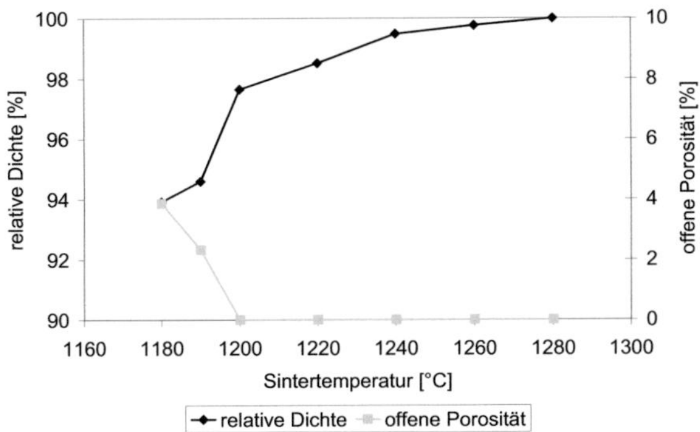

Abb. 4.16: Relative Dichten und offene Porositäten gepresster Sinter–Proben ohne Dotierung.

Die Übersicht der bei 1200 °C gesinterten Probe in Abb. 4.17 lässt erkennen, dass die Beseitigung der Porosität nach 90 min lokal unterschiedlich weit fortgeschritten ist. Es ist zu sehen, dass benachbarte Bereiche existieren, in denen eine vollständige Verdichtung vorliegt oder umgekehrt eine hohe Porosität vorkommt.

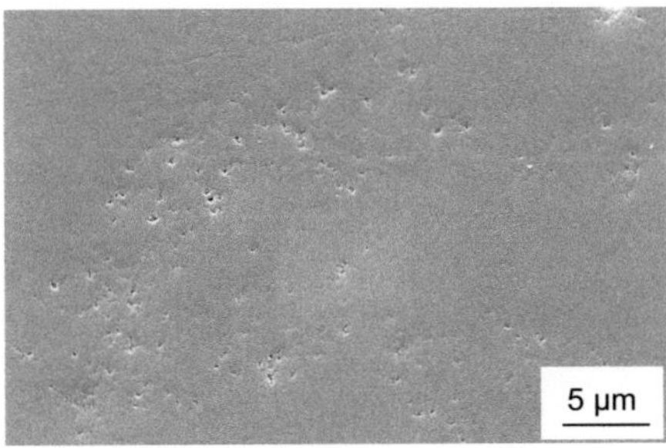

Abb. 4.17: Übersichtsaufnahme undotiertes Al$_2$O$_3$ bei 1200 °C gesintert – benachbarte poröse und dichte Bereiche.

In Abb. 4.18 sind die Bereiche in höherer Vergrößerung dargestellt, die den lokal unterschiedlichen Verdichtungsfortschritt verdeutlichen.

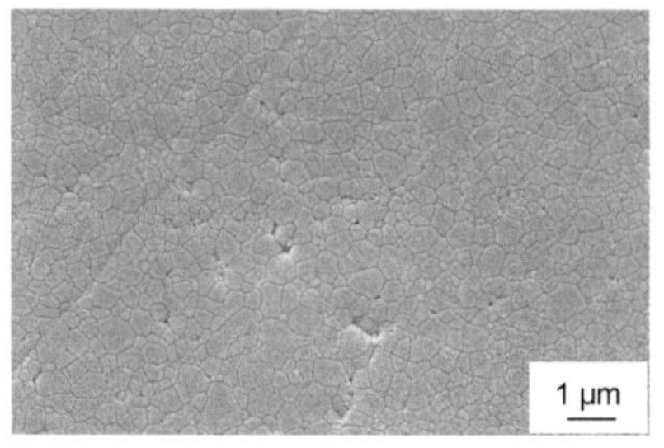

a) Porenbehafteter Bereich b) Bereich hoher Dichte

Abb. 4.18: Detailaufnahme Al_2O_3 ohne Dotierung bei 1200 °C gesintert.

In Abb. 4.19 ist der Dichteanstieg der MgO dotierten Proben bei zunehmender Sintertemperatur dargestellt. Es ist ersichtlich, dass die Temperaturen, die benötigt wurden, um auf vergleichbare Sinterdichten wie im undotierten Fall zu kommen, etwas höher lagen. Bei diesen Proben musste die Sintertemperatur mindestens 1240 °C betragen, damit der Porenabschluss eintrat.

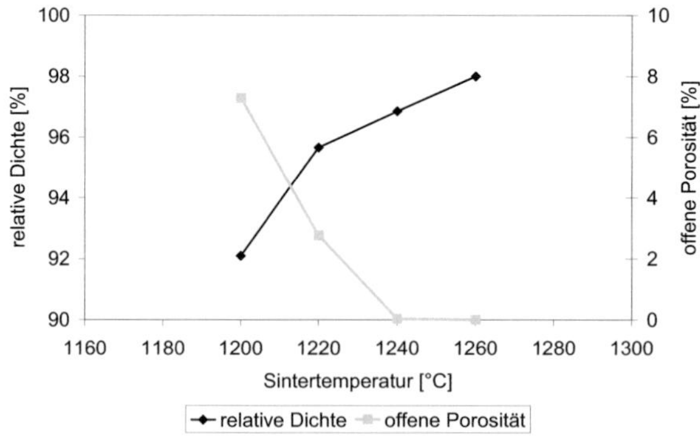

Abb. 4.19: Relative Dichten und offene Porsitäten von Al_2O_3 mit MgO Dotierung.

Wie bei den undotierten Proben war auch bei den MgO dotierten Proben der Fortschritt der Verdichtung lokal unterschiedlich stark ausgeprägt. Dies ist in den beiden folgenden Aufnahmen gut erkennbar, welche das Gefüge nach einer Sinterung bei 1240 °C zeigen.

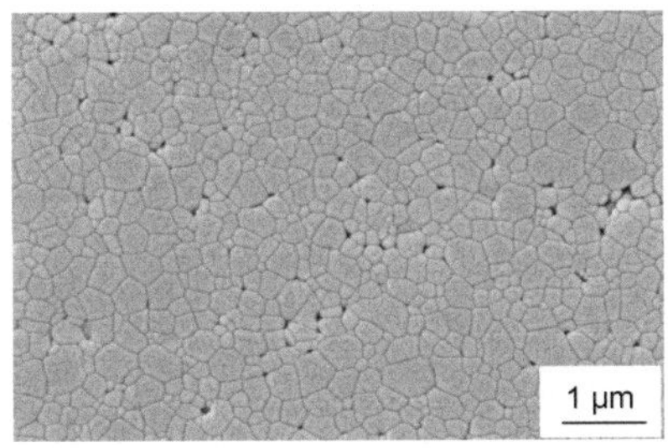

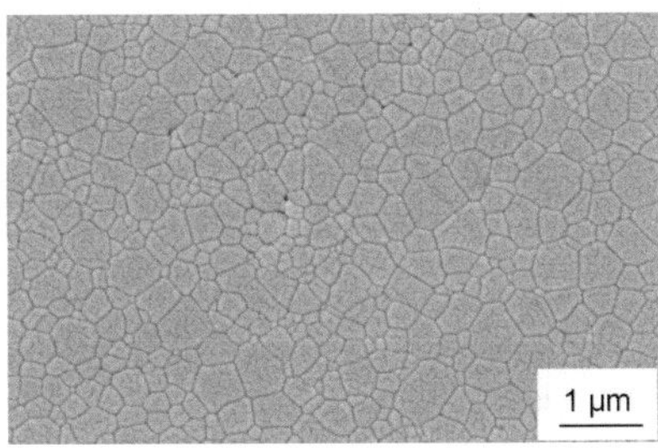

a) Weniger dichter Bereich

b) Bereich höherer Dichte

Abb. 4.20: Detailaufnahme Al$_2$O$_3$ mit MgO bei 1240 °C gesintert.

Diese ortsabhängige Porosität deutet auf eine Inhomogenität der Packungsdichte im Grünkörper hin. Minimieren lassen sich diese Unterschiede in der Gründichte durch die Verwendung von organischen Presshilfsmitteln. Da ein absolut rückstandsfreies Ausbrennen aller Hilfsmittelreste nicht gewährleistet werden kann, dies aber eine notwendige Bedingung darstellt, um optische Keramiken mit niedrigen Absorptionsverlusten zu erhalten, musste auf die Verwendung von Presshilfsmitteln verzichtet werden, was wiederum in den auftretenden Dichtegradienten resultierte.

In Tab. 4.6 sind die Dichten im Anschluss an die zweistündige HIP Nachverdichtung aufgeführt. Da die Poren nach der Sinterung kleiner als die benachbarten Körner waren, ließen sich die Proben trotz der Dichtegradienten durch die HIP Behandlung sehr gut nachverdichten. Ab einer HIP Temperatur von 1240 °C wurde weder für die undotierten noch für die dotierten Proben ein weiterer Anstieg der Dichte mit zunehmender Temperatur verzeichnet.

Tab. 4.6: Dichten der HIP nachverdichteten Al_2O_3 Proben

HIP Temperatur [°C] Druck = 150 MPa, Zeit = 2 h	Dichte [g/cm³] undotiert	Dichte [g/cm³] mit MgO dotiert
1165	3,983	3,978
1195	3,984	3,981
1240	3,989	3,986
1260	3,990	3,987
1275	3,989	3,987

Die Gefügeentwicklungen im Laufe der HIP Nachverdichtung sind in Abb. 4.21 für eine HIP Temperatur von 1275 °C für eine undotierte (links) und dotierte Probe (rechts) zu sehen. Es sind in keiner der beiden Proben Poren zu erkennen. Die Dotierung mit MgO hat das Kornwachstum während der HIP Nachverdichtung effizient unterdrückt. In der undotierten Proben hingegen lagen einige Körner vor, die bereits auf 2 µm angewachsen waren.

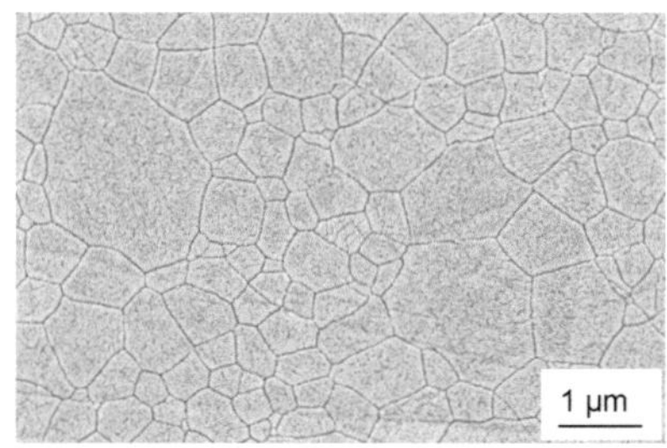

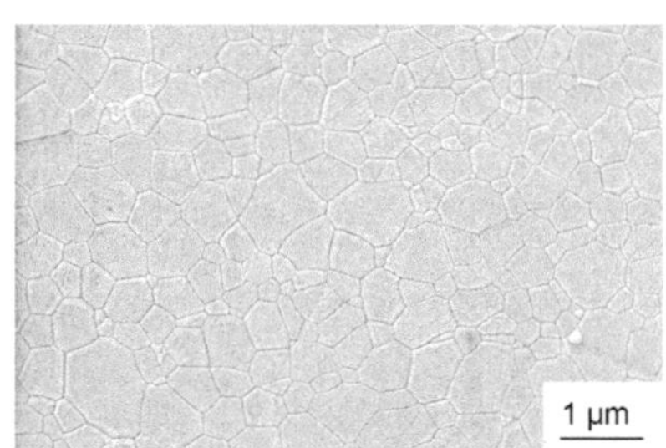

a) Ohne Dotierung

b) Mit MgO Dotierung

Abb. 4.21: $\alpha-Al_2O_3$ 2 Stunden nachverdichtet bei 1275 °C / 150 MPa.

Die Ergebnisse der quantitativen Korngrößenanalysen sind exemplarisch in Abb. 4.22 zusammengefasst. Auf der linken Seite sind undotierte Proben im gesinterten und im

HIP nachverdichteten Zustand zu sehen. Die Sintertemperatur betrug 1200 °C und führte nach einer Haltezeit von 1,5 h zu einer relativen Dichte von 97,6 %. Der Medianwert der Korngröße d_{50} betrug hier 0,31 µm. An einer weiteren Probe wurde im Anschluss an die Sinterung eine HIP Nachverdichtung bei 1275 °C (150 MPa, 1,5 h) durchgeführt, wobei eine Dichte von 3,99 g/cm³ (100 %) erreicht wurde und sich eine Korngröße von 0,77 µm einstellte.

Auf der rechten Hälfte in Abb. 4.22 sind die entsprechenden Verläufe für die MgO dotierten Proben dargestellt. Bezüglich der Herstellung unterscheiden sich diese Proben von den undotierten in der Sintertemperatur. Sie lag bei den MgO dotierten Proben um 40 °C höher und betrug 1240 °C. Bei einer relativen Sinterdichte von 96,6 % wurde eine Korngröße von 0,26 µm ermittelt, die während der HIP Nachverdichtung (1275 °C, 150 MPa, 1,5 h) auf 0,44 µm anstieg.

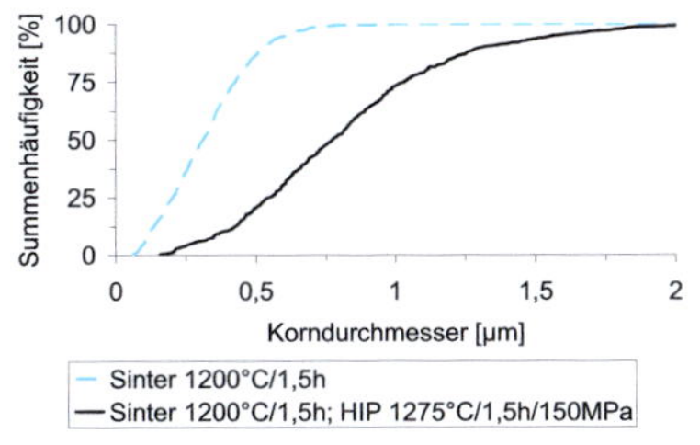

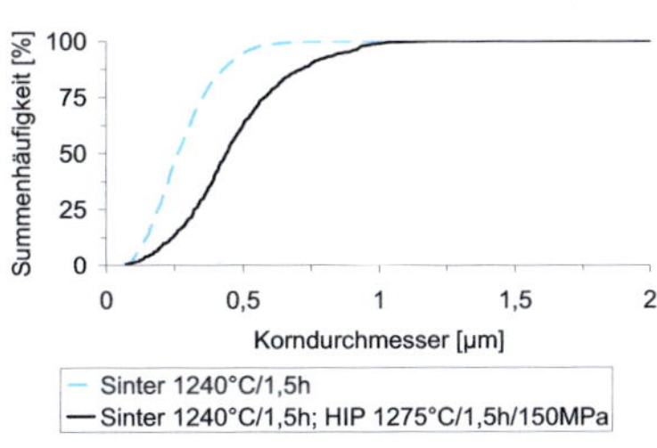

a) Ohne Dotierung   b) Mit MgO Dotierung

Abb. 4.22: Korngrößenverteilungen im gesinterten und im gesintert / HIP nachverdichteten Zustand.

Die Mikrostrukturen der undotierten und der MgO dotierten Proben unterscheiden sich nach der Sinterung nicht wesentlich. Das lässt sich sowohl qualitativ anhand der Gefügeaufnahmen in Abb. 4.18 und Abb. 4.20 belegen und kann auch quantitativ mithilfe der Korngrößenverteilungen in Abb. 4.22 gezeigt werden, da sich die Steigungen der Korngrößenverläufe wie auch die Medianwerte der Korndurchmesser gleichen.

Während der HIP Nachverdichtung hingegen kommt der Einsatz der MgO Dotierung zum Tragen. Das Kornwachstum wird durch die Dotierung mit 300 ppm MgO erheblich minimiert. Dieses Verhalten führt bei den dotierten Proben zu einem steileren Anstieg der Korngrößenverteilung. Die Zunahme des Korndurchmessers von 0,26 µm (1220 °C / 1,5 h) im gesinterten auf 0,44 µm (1275 °C / 150 MPa / 2 h) im HIP nachverdichteten Zustand ist bei den dotierten Proben als moderat zu erachten. Bei den undotierten Proben hingegen steigt der Korndurchmesser im Laufe der HIP Nachverdichtung bei Temperaturen oberhalb von 1200 °C stärker an (Abb. 4.23).

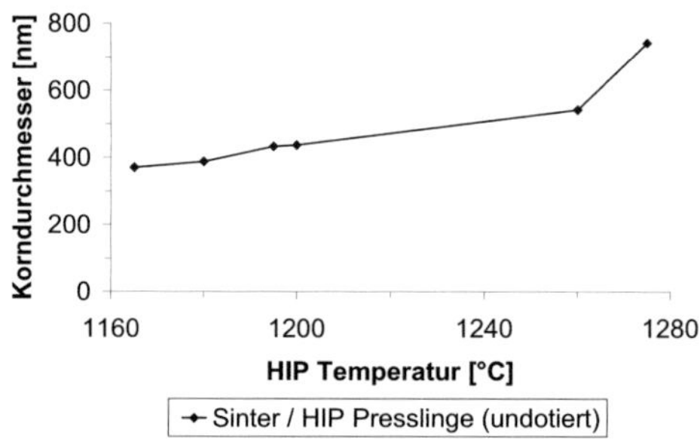

Abb. 4.23: Anstieg der Korngröße der undotierten Al_2O_3 Proben mit zunehmender HIP Temperatur.

In Abb. 4.24 ist die Korngröße in Abhängigkeit der Sintertemperatur für undotierte Al_2O_3 Proben aufgetragen, die im Anschluss an die Sinterung nicht nachverdichtet wurden. Die Zunahme des mittleren Korndurchmessers von 343 nm auf 910 nm verhält sich nahezu linear zur ansteigenden Haltetemperatur von 1200 °C auf 1280 °C, während die Dichte nach Überschreiten von 99 % in ein Plateau hineinläuft und sich nur langsam 100 % nähert.

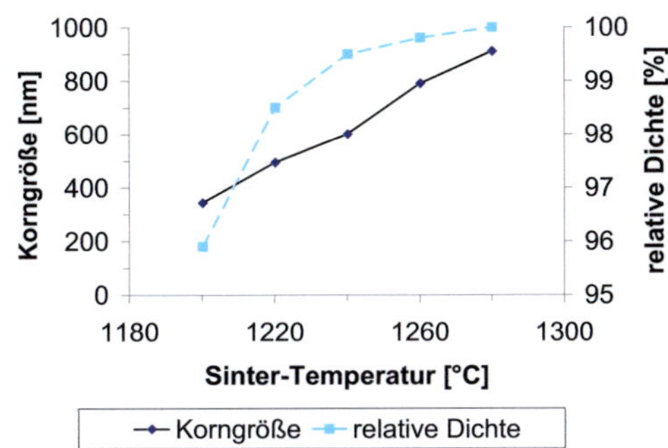

Abb. 4.24: Temperaturabhängiger Anstieg der Korngröße undotierter Al_2O_3 Proben.

4.2.1.2 Druckfiltrierte Proben

In Abb. 4.25 sind Gefügeaufnahmen der Proben dargestellt, die aus der Druckfiltration hervorgegangen sind. Auf der linken Seite ist das Gefüge der MgO dotierten Proben im Anschluss an die Sinterung bei 1180 °C / 1,5 h zu sehen, rechts das Gefüge nach der HIP Nachverdichtung bei 1275 °C (150 MPa / 2 h). Die Gefügeaufnahmen zeigen, dass bei den MgO dotierten Proben, die aus der Nassformgebung hervorgingen, die Porosität homogener verteilt war und daher keine Dichtegradienten vorlagen. Im Vergleich zu den gepressten Proben mit MgO Dotierung lag die Sintertemperatur, die für den Porenabschluss erforderlich war, um 60 °C niedriger und betrug 1180 °C. Hieraus lässt sich schließen, dass die Homogenität der Partikelpackung in den trockengepressten und anschließend CIP verdichteten Grünkörpern trotz vergleichbarer Dichten wie in den druckfiltrierten Scherben weniger gut ist.

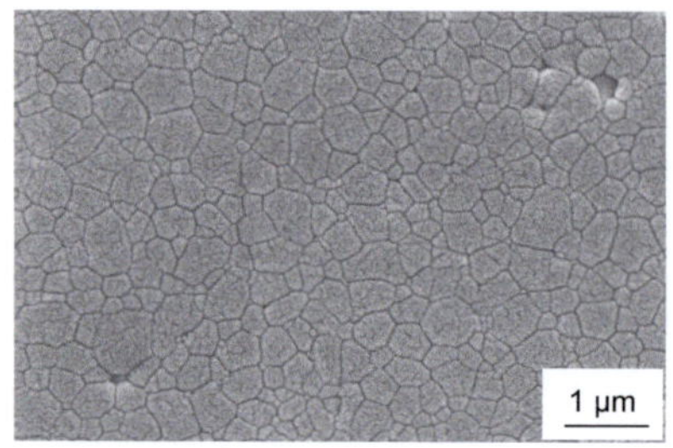 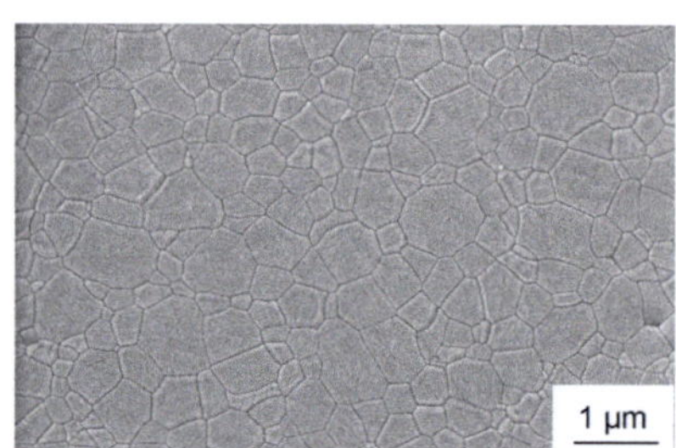

a) Sinter (1180 °C / 1,5 h)

b) Sinter (1180 °C / 1,5 h) /
    HIP (1275 °C / 150MPa / 2 h)

Abb. 4.25: Mikrostruktur der druckfiltrierten Proben.

Die Korngrößenverteilungen einer gesinterten Probe und einer Probe, die anschließend heißisostatisch nachverdichtet wurde, sind in Abb. 4.26 dargestellt. Der Medianwert des Korndurchmessers betrug 0,28 µm nach der Sinterung und stieg im Verlauf der Nachverdichtung auf 0,41 µm an. Aus dem Diagramm ist ersichtlich, dass die Dotierung mit MgO auch bei den druckfiltrierten Proben zu einer effektiven Begrenzung des Kornwachstums führte.

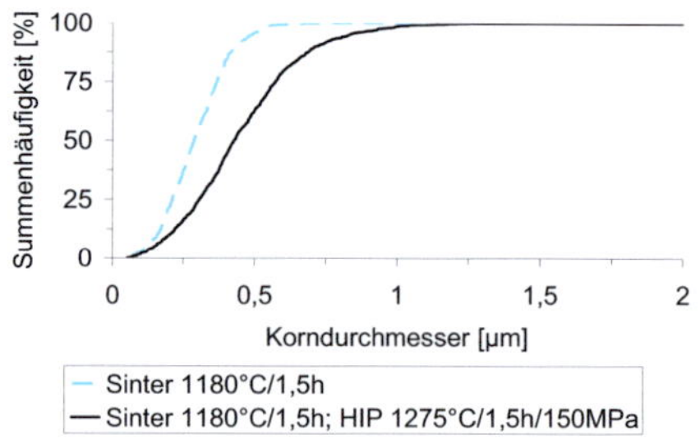

Abb. 4.26: Korngrößenverteilungen im gesinterten und im gesintert/HIP nachverdichteten Zustand.

Die Variation der HIP Haltetemperatur führte nach zweistündiger Haltezeit zu folgenden Enddichten:

Tab. 4.7: Dichten nach Sinterung bzw. nach Sinter / HIP

Sinterdichte [g/cm³] (Haltetemperatur: 1180 °C)	HIP Temperatur [°C]	HIP Dichte [g/cm³]
3,823	1165	3,982
3,804	1195	3,982
3,795	1240	3,986
3,807	1260	3,989
3,797	1275	3,988

Anhand der Korngrößenverteilungen in Abb. 4.27 kann gesehen werden, dass sich trotz der niedrigeren Sintertemperatur der druckfiltrierten (1180 °C) im Vergleich zur gepressten Probe (1240 °C) eine nahezu identische Verteilung einstellte, wenn beide Proben im Anschluss bei gleicher HIP Temperatur nachverdichtet wurden.

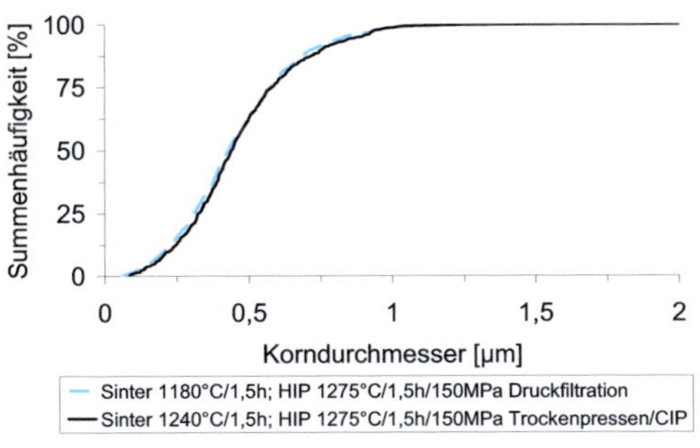

Abb. 4.27: Korngrößenverteilungen einer druckfiltrierten und einer gepressten Al_2O_3 Probe jeweils mit 300 ppm MgO.

Weiterhin bleibt zu beachten, dass sich die maximal erreichten Dichten der gepressten und der druckfiltrierten Proben nicht entsprochen haben. Der Unterschied von 3,989 cm³/g bei den gepressten Proben zu 3,987 cm³/g bei den filtrierten Proben bedeutet eine Differenz von 0,05 % relativer Dichte. Es bleibt aber anzumerken, dass die Dichtebestimmung nach Archimedes mit einem Messfehler behaftet ist, der in dieser Größenordnung liegt. Jedoch zeigt ein Vergleich der Dichten in Tab. 4.6 und Tab. 4.7, dass für alle Haltetemperaturen die druckfiltrierten Proben eine etwas höhere Enddichte offenbaren. Dieser geringe Unterschied in den Dichten der druckfiltrierten und gepressten Proben wird sich nicht merklich auf mechanische Eigenschaften wie die Härte oder die Festigkeit auswirken, hingegen kann anhand Abb. 2.15 gesehen werden, dass bereits eine geringe Restporosität dazu führt, dass die direkte Transmission stark abnimmt. Hierauf wird im folgenden Kapitel, in welchem die Ergebnisse der optischen Charakterisierung vorgestellt werden, eingegangen.

Abb. 4.28 zeigt den Anstieg der Korngröße der nassgeformten Al_2O_3 Proben während der HIP Nachverdichtung. Dank der MgO Dotierung wird das Kornwachstum effizient gehemmt, so dass bei einer Erhöhung der Temperatur von 1165 °C auf 1275°C lediglich eine Zunahme der Korngröße um 0,1 µm eintritt.

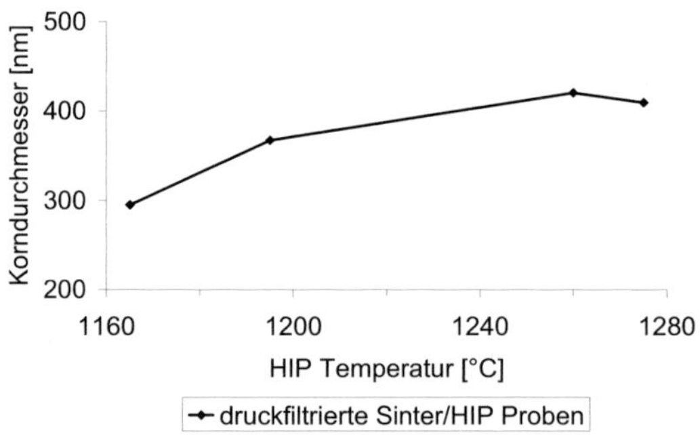

Abb. 4.28: Korndurchmesser Sinter/HIP verdichteter, MgO–dotierter Proben.

4.2.1.3 FAST / HIP Proben

Wie bei den Spinell Proben auch konnte mittels FAST die benötigte Haltetemperatur zum Erreichen des Porenabschlusses in den undotierten Aluminiumoxid Proben herabgesenkt werden. Relative Dichten größer 95 % und damit geschlossene Porosität konnten bei einer Heizrate von 25 K/min bereits bei Temperaturen von 1100 °C eingestellt werden. Hierbei bewegte sich die erhaltene Korngröße merklich unter 300 nm (Abb. 4.29).

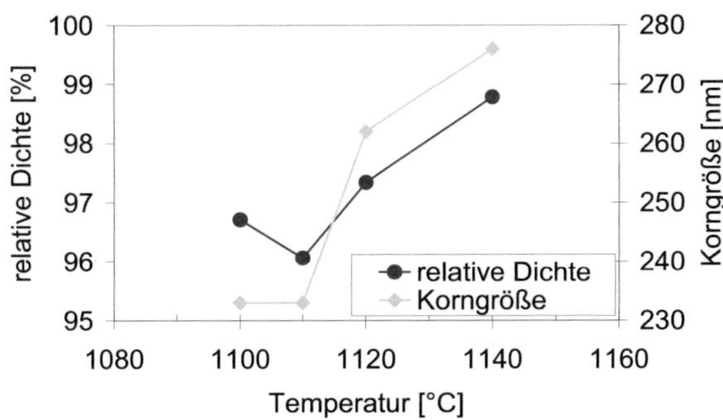

Abb. 4.29: Relative Dichte als Funktion der Haltetemperatur bei FAST – 64 MPa, 20 min Haltezeit.

Die heissisostatische Nachverdichtung wurde bei 1250 °C durchgeführt. Die Haltezeit betrug 2 h bei einem Argon Gasdruck von 150 MPa. Abb. 4.30 zeigt, dass weder nach der FAST Verdichtung noch im Anschluss an die HIP Behandlung abnormales Kornwachstum eingetreten ist. Weiterhin waren keine intragranularen Poren erkennbar, lediglich kleine Poren an den Trippelpunkten konnten beobachtet werden.

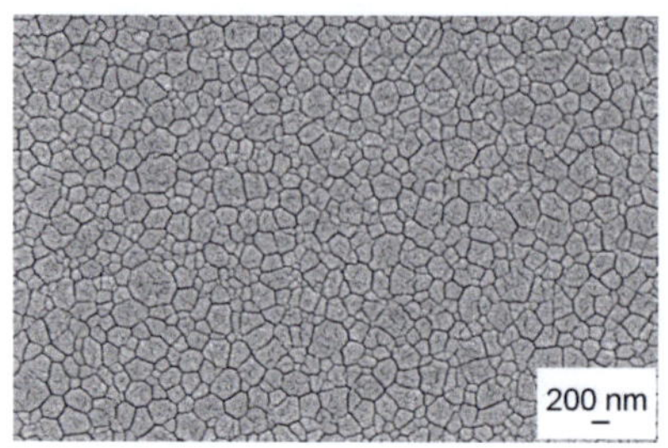

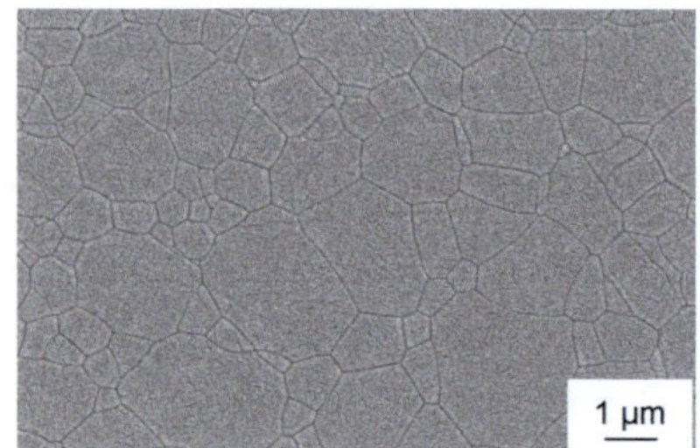

a) FAST (1100 °C / 20min)

b) FAST (1100 °C / 20min) /

HIP (1250 °C / 150MPa / 2 h)

Abb. 4.30: Mikrostruktur der FAST verdichteten Aluminiumoxid Proben.

Die quantitative Auswertung der REM Aufnahmen ergab eine Zunahme des d_{50} von 0,23 µm nach FAST auf einen Wert von 0,94 µm im Anschluss an die Nachverdichtung (Abb. 4.31). Dies bedeutet einen um den Faktor 4 größeren Korndurchmesser.

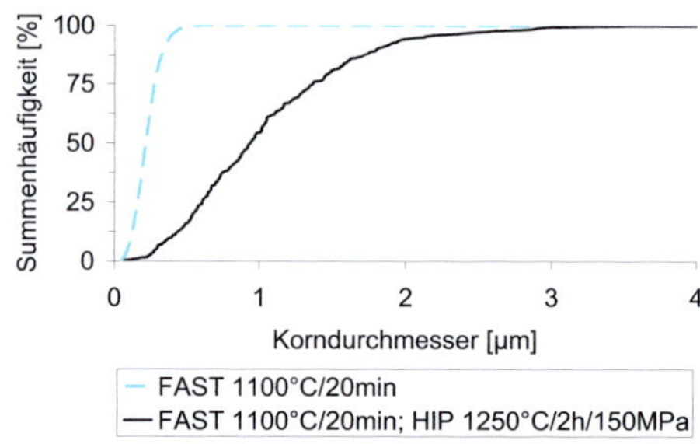

Abb. 4.31: Korngrößenverteilungen nach FAST bzw. und FAST / HIP Verdichtung.

Trotz der geringeren Korngröße der FAST Proben lagen im Anschluss an die HIP Behandlung grobkörnigere Gefüge vor als bei den Proben, welche über die Sinter / HIP Route konsolidiert wurden. Hier lag bei vergleichbarer Sinterdichte eine Korngröße von 0,31 µm vor, welche während der HIP Verdichtung bei 1260 °C auf 0,54 µm zunahm. Somit stieg der Korndurchmesser beim Sinter / HIP lediglich auf das 1,7–fache der gesinterten Korngröße, was zu einer engeren Verteilung der Sinter / HIP Proben verglichen mit den FAST / HIP Proben führte, obwohl letztere vor der HIP Nachverdichtung eine engere Verteilung aufwiesen, wie aus Abb. 4.32 a) hervorgeht.

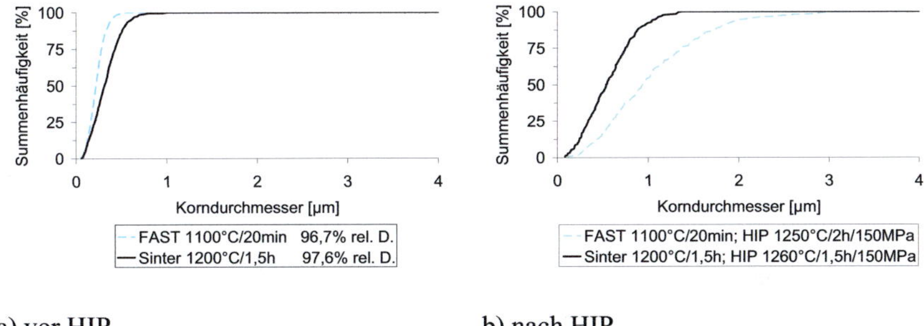

a) vor HIP   b) nach HIP

Abb. 4.32: Korngrößenentwicklung gesinterter / FAST verdichteter Proben vor bzw. nach der HIP Behandlung.

4.2.1.4 Kornwachstumsuntersuchungen an ausgelagerten FAST–Proben

Zur Bestimmung des Kornwachstumsexponenten n wurden Proben mittels FAST bei 1450°C / 5 min / 50 MPa verdichtet, die anschließend entweder im Sinterofen oder in der FAST–Anlage unter Wegnahme der mechanischen Last ausgelagert wurden (Abb. 4.33). Zu Beginn der Auslagerung lag im Referenzzustand eine Dichte von 3,96 g/cm³ (99,4 %) und eine Anfangskorngröße $d_0 = 0,62$ µm vor. Das sich bei der Auslagerung zur Minimierung der inneren Grenzflächen vollziehende normale Kornwachstum folgt der temperaturabhängigen Arrheniusbeziehung in Gl. 4.6:

$$d^n - d_0^n = k \cdot t \cdot \exp\left(-\frac{Q}{RT}\right)$$
Gl. 4.6

In Gl. 4.6 sind t die Zeit, T die absolute Temperatur, R die universelle Gaskonstante und d die Korngröße nach der Auslagerung.

Die thermischen Auslagerungen fanden bei 1450 °C und 1600 °C mit Haltezeiten zwischen 2 und 8 Stunden in der FAST–Anlage bzw. zwischen 6 und 48 Stunden im Kammerofen statt.

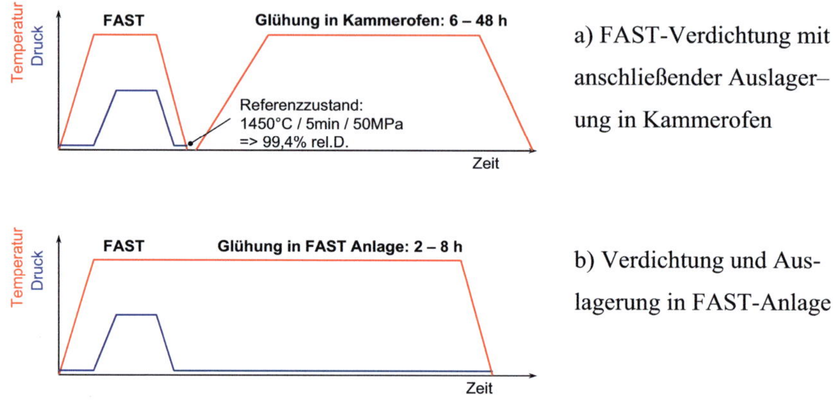

a) FAST-Verdichtung mit anschließender Auslagerung in Kammerofen

b) Verdichtung und Auslagerung in FAST-Anlage

Abb. 4.33: Ablauf der Glühbehandlungen im Kammerofen bzw. in der FAST-Anlage.

Gl. 4.6 lässt sich für eine konstante Temperatur zu Gl. 4.7 umformen, anhand der die Funktionsanpassung zur Ermittlung des Kornwachstumsexponenten n durchgeführt wurde:

$$d = \left(k^{*} \cdot t + d_0^n \right)^{\frac{1}{n}}$$

Gl. 4.7

In Abb. 4.34 sind die ermittelten Korngrößen für alle durchgeführten Auslagerungen ebenso wie die angepassten Funktionen und die sich daraus ergebenden Werte für den Kornwachstumsexponenten n dargestellt. Weiterhin sind die Korngrößen für 6 Stunden Glühzeit in der FAST–Anlage bzw. im Kammerofen hervorgehoben, die zeigen, dass das Kornwachstum in der FAST–Anlage für beide Temperaturen geringfügig schneller abläuft.

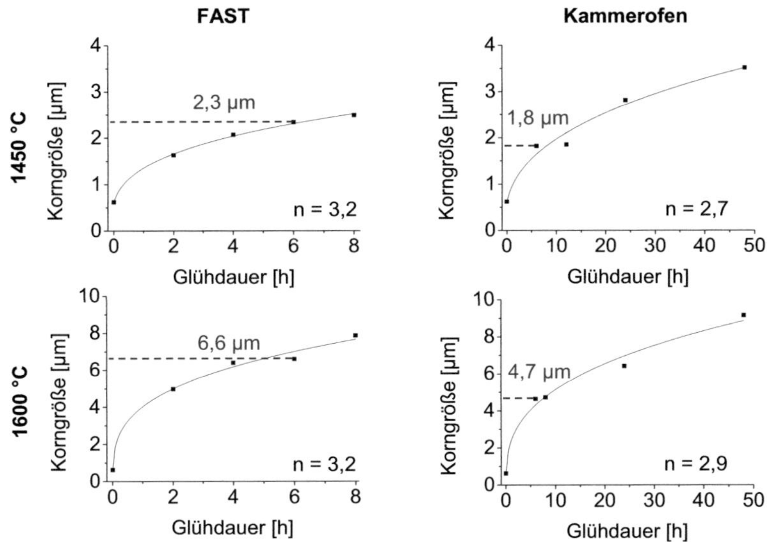

Abb. 4.34: Ergebnisse der Gefügeanalysen im Anschluss an die thermischen Behandlungen.

Es ist zu sehen, dass der Kornwachstumsexponent n sowohl im Kammerofen wie auch mittels FAST verdichtet etwa den Wert 3 betrug. Dieser Wert ist für Aluminiumoxid zu erwarten, gibt jedoch keinen Rückschluss auf den für das Kornwachstum maßgeblichen Mechanismus [Raha08].

4.2.2 Diskussion

Axial gepresste Sinter / HIP Proben

Zur Herstellung von transparenten Korund Keramiken mit sub–µm Gefüge müssen mehrere Randbedingungen beachtet werden. Zum einen ist es notwendig, ein hochreines, feines Ausgangspulver zu verwenden, dass sich aufgrund seiner Morphologie und seines Oberflächen–Chemismus zur Einstellung hoher Packungsdichten eignet. Weiterhin muss gewährleistet werden, dass zu Anfang des Sinter–Endstadiums das volumen– und korngrenzendiffusionsgesteuerte Kornwachstum gering gehalten wird, indem niedrige Sintertemperaturen gewählt werden. Zugleich sollte das Erreichen des Porenabschlusses möglichst spät erfolgen, was durch eine homogene Porengrößenverteilung erreicht werden kann, um geringes Kornwachstum zu gewährleisten. Durch Zugabe von geeigneten Additiven kann die Korngrenzenmobilität kontrolliert und dadurch das Loslösen der Poren von den Korngrenzen unterbunden werden. Da Al_2O_3 sehr niedrige Löslichkeiten für Fremdionen besitzt, ist es unumgänglich, ein Ausgangspulver mit sehr hoher Reinheit zu wählen, da ansonsten Segregation von Verunreinigungen auftritt [Stue10].

In der vorliegenden Arbeit wurde MgO als Sinterhilfsmittel verwendet, dessen kornwachstumsmindernde Wirkung in der Literatur eingehend untersucht wurde [Sung92, Wei04, Yama08, Dill07]. Zurückgeführt wurde dieser Einfluss auf unterschiedliche Mechanismen. Sung et al. fanden mittels EDX und Elektronenstrahlbeugung, dass das Magnesium sich an den Innenflächen der Poren anreichert und dadurch die Oberflächendiffusion erhöht wird, wodurch die Mobilität der Poren erhöht wird, was wiederum die Loslösung der Poren von den Korngrenzen verhindert [Sung92]. Gavrilov et al. zeigten mittels hochauflösender Sekundärionen–Massenspektroskopie (SIMS), dass sich in Al_2O_3 mit 500 ppm MgO, welches eine Stunde bei 1650 °C gesintert wurde, das Magnesium entlang der Korngrenzen anreichert [Gavr99]. Hier fanden sich Konzentrationen an Mg Ionen, die um das 400 fache höher lagen als im Innern der Körner. Dillon et al. schlossen aus ihren Kornwachstumsuntersuchungen, dass die Minderung der Korngrenzenmobilität durch Anreicherung von Magnesium im Innern der Korngrenzen und nicht entlang der Korngrenzen zustande kommt [Dill07]. Abb. 4.16 und Abb. 4.19 zeigen, dass die Dotierung mit 300 ppm MgO eine Erhöhung der Sintertemperaturen um 40 K erfordert, um zu Dichten zu gelangen, die denen der undotierten Keramik entsprechen. Die Auswahl der MgO Konzentration ist deswegen kritisch, da zu große Mengen an MgO in $MgAl_2O_4$ Spinell Ausscheidungen an den Tripelpunkten resultieren und dabei die optischen Eigenschaften nachteilig beeinflusst werden, wie es in [Chen03] beobachtet wurde. Andererseits führen zu niedrige MgO Konzentrationen, insbesondere bei hohen Sintertemperaturen, zu abnormalen Kornwachstum [Wei04].

Da in den in dieser Arbeit durchgeführten Gefügeuntersuchungen weder abnormales Kornwachstum noch Spinell Ausscheidungen aufgefunden wurden, kann davon ausgegangen werden, dass die verwendete Konzentration von 300 ppm MgO für das TM–DAR Al_2O_3 Pulver und die gewählten Prozessparameter bzw. die sich damit einstellenden Korngrößen zweckmäßig ist. Da die Löslichkeit von MgO in Al_2O_3 mit zunehmender Korngröße abnimmt, sind dotierte Aluminiumoxid–Keramiken nicht für den Einsatz bei Temperaturen geeignet, bei denen Kornwachstum nicht ausgeschlossen werden kann. Wei konnte nachweisen, dass in feinkörnigem (0,47µm) Al_2O_3 220 ppm MgO löslich sind, dieses sich aber nach 176 stündiger Glühbehandlung bei 1150 °C und dem damit verbundenen Kornwachstum auf 0,90 µm in Form von Spinell an den Tripelpunkten ausscheidet [Wei04]. Daher wäre bei Verwendung eines gröberen Ausgangspulvers in der vorliegenden Arbeit eine Absenkung der Sinteradditivgehalts zu beachten gewesen.

Die REM Aufnahmen in Abb. 4.18 und Abb. 4.20 verdeutlichen, dass es sowohl im dotierten als auch undotierten Aluminiumoxid lokal zu unterschiedlichen Fortschritten der Verdichtung kommt. In den Ausschnitten sind ca. 800 Körner pro Bild dargestellt. Während in den weniger gut verdichteten Bereichen etwa 50 Poren pro Aufnahme zu sehen sind, sind die besser verdichteten Bereiche nahezu porenfrei. Da die Bereiche höherer Porosität über den gesamten Querschnitt zufällig verteilt aufzufinden waren, entstanden sie nicht beim Sintervorgang, sondern waren bereits in den Grünkörpern vorhanden. Um eine Verbesserung der Homogenität der Packungsdichte in den trockengepressten Grünkörpern zu erreichen, ist es denkbar, das kaltisostatische Pressen mehrfach nacheinander durchzuführen. Die Verwendung von Presshilfsmitteln ist als kritisch zu erachten, da gewährleistet sein muss, dass diese rückstandsfrei ausbrennen, keine anorganischen Bestandteile enthalten und nicht zur volumenexpansionsbedingter Rissbildung während des Ausbrennens führen [Wei05, Krel09]. Eine weitere Verbesserung der Gründichte durch einen höheren CIP Druck wird als wahrscheinlich erachtet, konnte aber nicht mittels der vorhandenen Kaltisostat–Presse untersucht werden. Galusek et al. fanden für Magnesium–teilstabilisiertes Zirkonoxid Mg–PSZ, dass die Gründichten von Probenkörpern, die axial unter 80 MPa gepresst wurden, durch eine kaltisostatisches Pressen bis zu Drucken von 1500 MPa stetig ansteigt [Galu99]. Ohne Auskunft über den Partikeldurchmesser wird die Dichte der axial gepressten Grünlinge mit 2,99 cm³/g angegeben. Anschließendes CIP unter einem Druck von 600 MPa bzw. 1500 MPa lieferte Gründichten von 3,51 cm³/g bzw. 3,88 cm³/g. Mit ansteigender Gründichte ergaben sich hieraus Sinterdichten von 5,50 cm³/g, 5,55 cm³/g und 5,60 cm³/g.

Eine grundsätzliche Nichteignung trockengepresster Proben für optische Keramiken aufgrund geringerer Gründichten oder Partikelkoordination, wie sie in der Literatur beschrieben wird [Brau06, Krel09], kann aufgrund der in dieser Arbeit gemachten Gefügeuntersuchungen nicht bestätigt werden. Zwar wiesen die trockengepressten Proben etwas niedrigere Sinterdichten als die nassgeformten auf, was mit der geringeren Gründichte (55–56 % statt 62–63 %) begründet werden kann. Allerdings waren die Korngrößenverteilungen unabhängig von der Formgebung im Anschluss an die HIP Nachverdichtung gut vergleichbar (Abb. 4.27).

Nassgeformte Sinter / HIP Proben

Obwohl den elektrosterisch–stabilisierten Nassformkörpern ein Polyelektrolyt zugesetzt wurde, konnten keine mikrostrukturellen Unterschiede zwischen den sterisch und den elektrostatisch stabilisierten Proben nach der Sinterung festgestellt werden. Die geringen Mengen an Verflüssiger konnten offenbar rückstandsfrei ausgebrannt werden. Da die nassgeformten Proben nach der Sinterung keine Bereiche erhöhter Porosität aufwiesen, ist bei diesen Proben davon auszugehen, dass eine Verbesserung der Partikelkoordination im Grünkörper zu einer Erhöhung der Gefügehomogenität nach der Sinterung geführt hat.

Trotz niedrigerer Sintertemperaturen, die für die Einstellung des Porenabschlusses verglichen mit den trockengepressten Proben notwendig waren, musste bei Dotierung mit MgO auch bei den nassgeformten Proben oberhalb von 1260 °C nachverdichtet werden, um die theoretische Dichte zu erreichen (Tab. 4.6 und Tab. 4.7). Wie bei den trockengepressten Proben konnte bei den nassgeformten Proben auch durch die Dotierung mit MgO das Kornwachstum während der HIP Nachverdichtung kontrolliert werden. Das sich einstellende Gefüge war in beiden Fällen gut vergleichbar, wenn unter denselben Bedingungen nachverdichtet wurde (Abb. 4.27).

In Abb. 4.35 sind HIP–temperaturabhängige Korngrößen MgO–dotierter, druckfiltrierter Proben aus der vorliegenden Arbeit vergleichend aufgetragen mit Korngrößen Sol–Gel geformter Proben gleicher Additivierung wie in [Krel03]. Krell verwendete einen Ar–Gasdruck von 200 MPa bei einer Haltezeit von 2 h. Gesintert wurde bei 1250 °C für ebenfalls 2 h, woraus sich Sinterdichten von etwa 96 % ergaben. In der vorliegenden Arbeit wurden nach anderthalbstündiger Sinterung bei 1180 °C auch Dichten von etwa 96 % erreicht. Die HIP Behandlung erfolgte hier unter einem Ar–Gasdruck von 150 MPa. Während in der zitierten Arbeit die HIP–Temperaturen größtenteils niedriger waren als die Sintertemperatur, lagen in dieser Arbeit die HIP–Temperaturen höher als die Sintertemperatur. Geringe Abweichungen können sich eventuell aus dem unterschiedlichen Verfahren der Korngrößenauswertung (Linienschnittverfahren vs. Kornflächenbestimmung mittels Bildanalyse–Software) ergeben.

Die um 40 K niedrigeren Sintertemperaturen der druckfiltrierten im Vergleich zu den trockengepressten Proben wirkten sich positiv auf das sich einstellende Gefüge aus. Der Korndurchmesser lag bei einer HIP Temperatur von 1275 °C bei den höhergesinterten, trockengepressten Proben um 30 nm höher als bei den nassgeformten. Eine um weitere 30 K höhere Sintertemperatur wie sie in [Krel03] zum Einsatz kam, führte zu einem noch stärkeren Kornwachstum während der HIP Verdichtung. Daher kann geschlossen werden, dass eine Erhöhung des Gasdrucks bei der Nachverdichtung sich weniger positiv auf die sich einstellende Korngröße auswirkt als eine Minderung der Sintertemperatur durch die vorherige Einstellung homogener Grünkörper hoher Dichte.

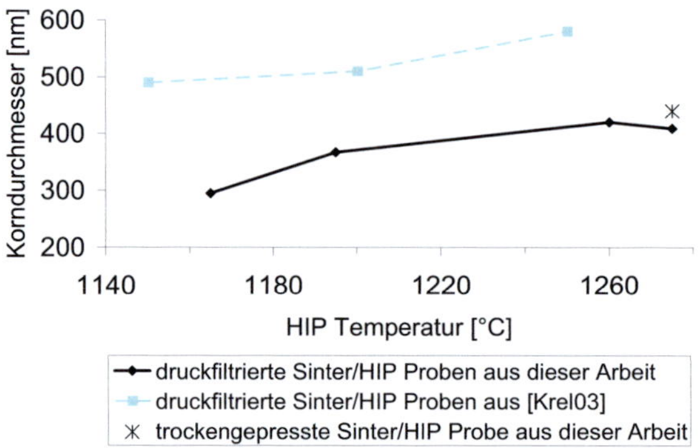

Abb. 4.35: mit 300 ppm MgO dotierte Aluminiumoxid–Proben hergestellt mittels Nass– oder Trockenformgebung.

FAST / HIP Proben

In der Literatur finden sich zahlreiche Untersuchungen zur Minimierung des Kornwachstums in FAST verdichteten Proben. Bei diesen Arbeiten werden beinahe ausschließlich Heizraten > 50 K/min angewandt [Risb95, Zhan02, Zhou04]. Risbud zeigte, dass sich sub–µm Al_2O_3 Pulver der Handelsbezeichnung Baikowski SM8D dotiert mit 300 ppm MgO bei einer Heizrate von 400 K/min und einer Haltezeit von 10 min zu Dichten von 99,2 % verdichten lässt [Risb95]. Die Primärpartikelgröße wird mit 300 bis 500 nm angegeben. Das sich einstellende Gefüge wies eine Korngröße von 650 nm auf.

Shen führte Untersuchungen an Al_2O_3 Pulver der Handelsbezeichnung der Sasol Ceralox APA0.5 mit einer Partikelgröße von 400 nm durch. In [Shen02] werden unter anderem der Einfluss der Heizrate, der Haltetemperatur und –zeit untersucht. Es wurde gefunden, dass im undotierten Aluminiumoxid bei Haltetemperaturen kleiner 1250 °C das Kornwachstum moderat ist wohingegen bei höheren Haltetemperaturen das Gefüge sehr schnell vergröbert. Die Heizrate wurde zwischen 50 und 600 K/min variiert, wobei höhere Heizraten zu feinerem Gefüge bei gleichzeitigem Anstieg der Porosität führten. Unter einer mechanischen Last von 50 MPa wurden Proben erhalten, die bei einer Haltetemperatur von 1400 °C eine Korngröße von 9,5 µm besaßen, wenn die Heizrate 50 K/min betrug. Bei einer Heizrate von 370 K/min ergab sich eine Korngröße von nur 4 µm. Die vorteilhaften Eigenschaften wie feineres Gefüge und kürzere Prozesszeiten im Vergleich zum Heisspressen wurden in dieser Arbeit auf die Generierung eines Plasmas zurückgeführt, welches dafür sorgt, dass eine Reinigung und Aktivierung der Oberflächen eintritt. Im Widerspruch zu den Ergebnissen in [Shen02] stehen die Ergebnisse von Zhou. In [Zhou04] stieg die Dichte mit zunehmender Heizrate von 76,6 % bei 50K/min auf 91,3 % bei 300 K/min.

In der vorliegenden Arbeit wurde nicht, wie in der Literatur vielerorts geschehen, versucht, mittels FAST eine hohe Dichte unter kurzer Prozesszeit einzustellen. Es wurde vielmehr angestrebt, die Dichte nach FAST auf etwa 95 % zu begrenzen, um in einem nachfolgenden Verdichtungsschritt in der Heissisostatpresse die Porosität vollständig zu beseitigen. Dieser Ablauf besitzt zwar einen höheren Aufwand als die direkte Verdichtung in der FAST Anlage, jedoch führte letztere nicht zur vollständigen Verdichtung. Der Porenabschluss konnte unter sehr geringer Zunahme der Korngröße realisiert werden. Das Ausgangspulver besaß eine Primärpartikelgröße von 150 nm, nach Porenabschluss lag ein Gefüge mit einer Korngröße von 230 nm vor. Dieses unterschied sich nur unwesentlich von den in Kapitel 4.2.1.1 ermittelten Korngrößen der gesinterten Aluminiumoxidproben. Im Verlauf der Nachverdichtung stieg unter sonst identischen Bedingungen die Korngröße in den FAST/HIP Proben jedoch viel stärker an als es in den Sinter/HIP Proben der Fall war. Letztere besaßen Korngrößen < 0,5 µm, bei den FAST/HIP Proben betrugen diese annähernd 1 µm. Das unterschiedlich stark ausgeprägte Kornwachstum während der Nachverdichtung kann daher auf zwei Umständen beruhen. Entweder kam es während FAST zu einer gefügemäßig nicht nachweisbaren Anreicherung von Kohlenstoff an den Korngrenzen, die im Laufe des HIP zu stärkerem Kornwachstum führte oder der reduzierende Einfluss der kohlenstoffhaltigen Atmosphäre in der Prozesskammer führte zu einer hohen Anzahl von Sauerstoffleerstellen, die sich wiedcrum in cinem stärkeren Wachstum der Körner in den FAST Proben verglichen mit den ursprünglich gleichgroßen Körnern in den gesinterten Proben, äußerte. Glühbehandlungen im Anschluss an die FAST Verdichtung konnten die Auswirkungen der kohlenstoffhaltigen Atmosphäre in der Prozesskammer während der FAST Verdichtung nicht beseitigen und werden im folgenden Kapitel „Optische Charakterisierung" eingehend diskutiert.

5 Optische Charakterisierung

In diesem Kapitel werden die Resultate der optischen Charakterisierung sowohl der Mg–Spinell als auch Korund Proben vorgestellt. Neben den quantitativen Ergebnissen aus den Transmissionsmessungen werden die Proben auch qualitativ bezüglich ihrer Farbe bzw. sich eventuell einstellender Verfärbungen beurteilt. Zunächst wird aber der in Kapitel 1 erläuterte Unterschied zwischen der gesamten Transmission, welche vereinfacht ausgedrückt ein Maß für die Durchlässigkeit eines optischen Fensters für elektromagnetische Wellen darstellt, und der direkten Transmission veranschaulicht. Letztere gibt an, wie stark Licht beim Durchgang durch ein Fenster gestreut wird.

Bei einem stark streuenden Fenster ist es nicht möglich, einen in einem Abstand hinter dem Fenster angeordneten Gegenstand scharf zu erkennen. Objekte mit einem geringen Abstand zum Fenster können jedoch erkannt werden. Falls die Streuung hingegen gering ist, ist der Gegenstand auch bei größerem Abstand sichtbar. Anhand Abb. 5.1 und Abb. 5.2 lässt sich dieser Unterschied veranschaulichen:

Abb. 5.1: Al_2O_3 Proben auf bedruckter Unterlage.

Die in Abb. 5.1 zu sehenden Scheiben aus Aluminiumoxid befinden sich direkt auf einer bedruckten Unterlage und sind alle drei zumindest transluzent, da die Schrift, die sich unmittelbar unter ihnen befindet, gut lesbar ist. Es besteht somit eine hohe Lichtdurchlässigkeit. Die Proben unterscheiden sich wie folgt: die Probe auf der linken Seite ist ebenso wie die mittlere Probe 1,1 mm stark, wurde aber unter Zugabe einer Dotierung mit 300 ppm MgO verdichtet. Die mittlere wie auch die rechte Probe sind beide undotiert, unterscheiden sich aber in ihrer Dicke. Die rechte Probe ist lediglich 0,8 mm stark, die mittlere hingegen wie bereits erwähnt 1,1 mm. Alle Proben wurden unter vergleichbaren Bedingungen gesintert und anschließend HIP nachverdichtet. Es kann also – nach Kenntnis der Ausführungen in Kapitel 4.1.1 – erwartet werden, dass die linke Probe aufgrund ihrer Dotierung ein feineres Gefüge als die beiden anderen Proben aufweist. Diese beiden sollten sich gefügemäßig nicht unterscheiden, sondern lediglich bezüglich ihrer Dicken.

Da zwischen den Proben und der Unterlage kein Abstand besteht, kann anhand Abb. 5.1 nicht auf die Transparenz der Proben geschlossen werden. Daher wurde ein weiteres Bild aufgenommen, in welchem der Abstand der Proben zum Untergrund 25 mm betrug.

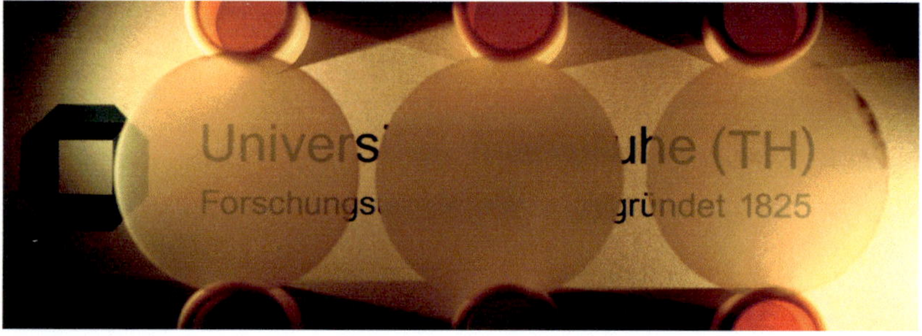

Abb. 5.2: Al$_2$O$_3$ Proben mit 25 mm Abstand zur bedruckten Unterlage.

Die Probe auf der linken Seite ist transparent, die mittlere hingegen transluzent. Das verdeutlicht, dass die dotierte Probe tatsächlich ein feineres Gefüge als die beiden undotierten besitzt, da sie trotz einer Dicke von 1,1 mm und ihrer inhärenten Doppelbrechung transparent erscheint. Die Probe auf der rechten Seite erscheint ebenfalls transparent, obwohl sie eine gröberes Gefüge besitzt ($d_{50} \approx 0,8$ µm) aber dafür etwa 25 % in der Dicke reduziert wurde. Dieser Effekt beruht auf der Begebenheit, dass die RIT, welche einen Indikator für die Transparenz darstellt, nach Gl. 2.7 umgekehrt exponentiell mit der Dicke abnimmt. Ein hoher RIT-Wert ist daher eine notwendige Bedingung für eine gute Transparenz.

5.1 Mg-Spinell

5.1.1 Sinter / HIP

5.1.1.1 Axial gepresste Proben

Zur Abschätzung der Reproduzierbarkeit von Transmissionsspektren von Probenkörpern mit identischer Herstellungsroute wurden zwei Proben charakterisiert, die in separaten Sinterfahrten bei 1500 °C / 1 h erhalten wurden und anschließend bei 1750 °C / 2 h unter 150 MPa Argon nachverdichtet wurden. Die Graphen in Abb. 5.3 zeigen die Spektren der gesamten (oben) und direkten (unten) Transmissionen dieser Proben. Die Verläufe der beiden Kurven sind nahezu identisch. Marginale Unterschiede ergeben sich beispielsweise aus variierenden Gründichten, der Temperaturverteilung im Sinterofen, variierender Oberflächenqualitäten und zufälliger temperaturbedingter Messabweichungen des Spektralphotometers.

Bei allen Messungen der gesamten Transmission wurde mit zwei Detektoren gearbeitet. Für Wellenlängen im UV- und im sichtbaren Bereich kam ein PMT-Detektor (Photomultiplier Tube) zum Einsatz, der Arbeitsbereiche des PbS Detektors hingegen lag im nahen Infrarotbereich. Daher kam es im Bereich von 850 nm bis 900 nm, in dem ein Wechsel vom PMT- zum PbS-Detektor stattfand, zu leichten Verzerrungen der Messergebnisse, die sich auch in den Diagrammen wiederfinden. Dieser kleine Frequenzbereich wurde im Anschluss an die Messungen manuell durch Auslassen von Datenpunkten mit besonders großer Abweichung geglättet und besitzt deswegen keine quantitative Aussagekraft.

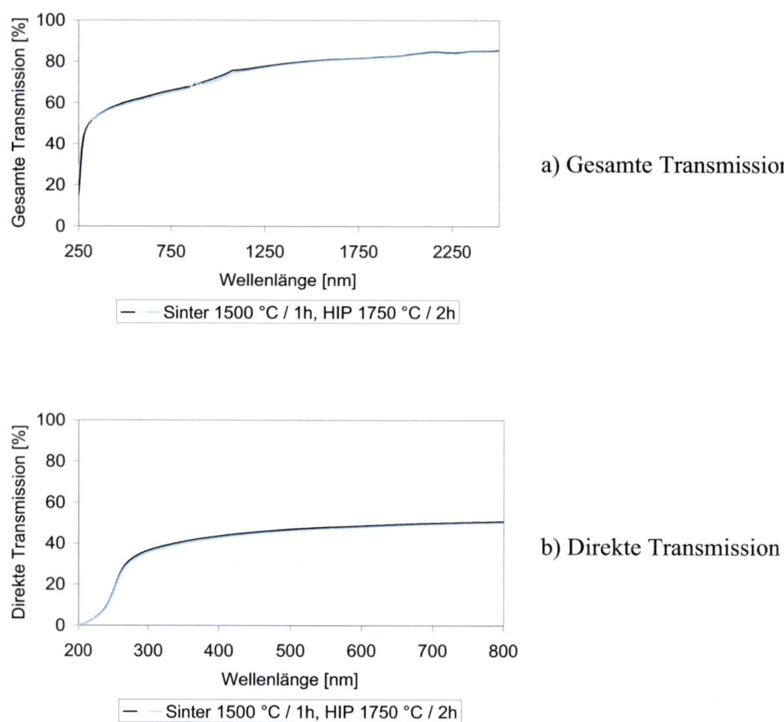

a) Gesamte Transmission

b) Direkte Transmission

Abb. 5.3: Transmissionsspektren zweier Mg–Spinell Proben identischer Herstellung.

Einfluss der Probendicke

In Abb. 5.4 sind die Spektren dreier Proben dargestellt, die ebenfalls bei 1500 °C / 1 h gesintert und anschließend bei 1750 °C / 2 h unter 150 MPa Argon nachverdichtet wurden. Diese Proben unterscheiden sich allerdings bezüglich ihrer Dicken. Das Transmissionsspektrum der Probe mit einer Dicke von 4,1 mm besitzt höhere Werte als die 5,8 mm starke Probe, die Probe mit einer Dicke von 3,5 mm weist erwartungs-gemäß den höchsten Verlauf innerhalb dieses Vergleichs auf.

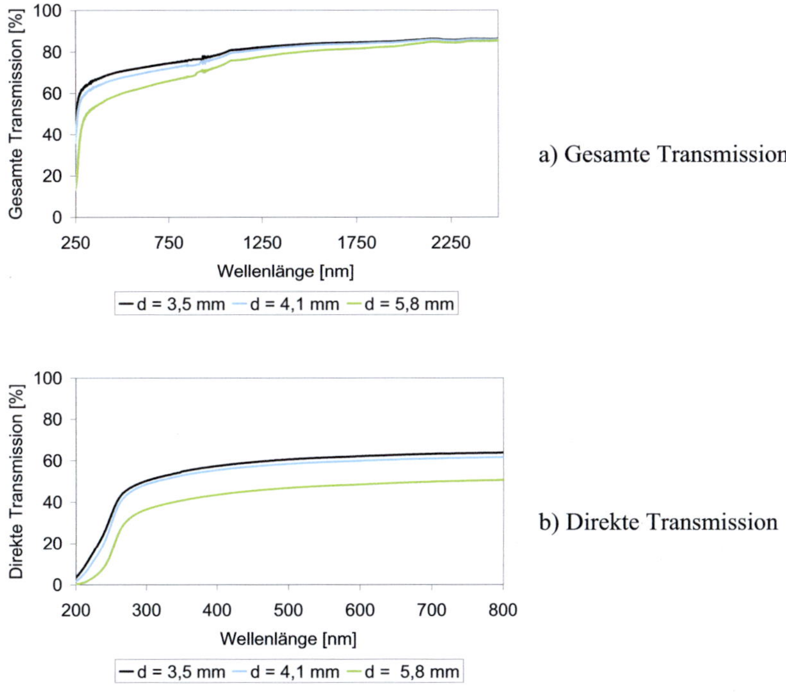

a) Gesamte Transmission

b) Direkte Transmission

Abb. 5.4: Transmissionsspektren dreier Mg–Spinell Proben identischer Herstellung mit Dicken zwischen 3,5 mm und 5,8 mm.

Auffallend ist, dass die dickenabhängige Abnahme der Transmission im sichtbaren Wellenlängenbereich stärker ist als für größere Wellenlängen. Dies liegt zum einen daran, dass die spiegelnde Reflektion brechzahlabhängig mit abnehmender Wellenlänge steigt (Gl. 2.8 und Gl. 2.9) und dadurch die *RIT* nach Gl. 5.1 abnimmt. Des Weiteren kommen verfärbungsbedingte, absorptive Wechselwirkungen der eintreffenden elektromagnetischen Strahlung mit den Gitterschwingungen schwächer zum Tragen als kurzwelligere Wechselwirkungen mit den elektronischen Schwingungen im sichtbaren Bereich.

$$RIT = (1 - R_S) \cdot \exp(-\gamma \cdot d)$$

Gl. 5.1

Für Mg–Spinell kann mit einer Brechzahl n von 1,712 der Reflektionsgrad R_s in Gl. 5.2 berechnet werden zu

$$R_S = \frac{2 \cdot \left(\dfrac{1,712-1}{1,712+1}\right)^2}{1+\left(\dfrac{1,712-1}{1,712+1}\right)^2} = 0,129 \, . \qquad \text{Gl. 5.2}$$

Aus Abb. 5.4 b) ist für die Probe mit der Dicke $d_1 = 3,5$ mm bei einer Wellenlänge von $\lambda = 400$ nm eine direkte Transmission von 57,4 % abzulesen. Durch Einsetzen in Gl. 2.7 ergibt sich der Streukoeffizient γ zu:

$$\gamma = \frac{-\ln\left(\dfrac{RIT}{1-R_s}\right)}{d} = 0,1223 mm^{-1} \, . \qquad \text{Gl. 5.3}$$

Setzt man wiederum in Gl. 2.7 eine Dicke $d_2 = 4,1$ mm ein, so erhält man die RIT zu:

$$RIT = \left(1-0,129\right) \cdot \exp\left(-0,1223 mm^{-1} \cdot 4,1 mm\right) = 0,533 = 53,3\% \, . \qquad \text{Gl. 5.4}$$

Dieser berechnete Wert stimmt gut mit dem experimentell erhaltenen Wert der direkten Transmission von 55,4 % für die 4,1 mm starke Probe bei 400 nm überein. Für die 5,8 mm dicke Probe ergibt sich durch entsprechende Vorgehensweise ein berechneter RIT–Wert von 43,6 %, der wiederum gut mit dem experimentell erhaltenen Wert von 43,3 % korreliert. Anhand dieser Validierung und der in Abb. 5.3 gezeigten Reproduzierbarkeit der Spektren von Proben gleicher Herstellroute und Geometrie kann geschlossen werden, dass die Spektralphotometrie eine geeignete Methode zur vergleichenden Charakterisierung der Transmissionseigenschaften von keramischen Proben darstellt.

Einfluss des Pulverbetts während der Sinterung

Es wurden Sinterungen in Pulverbetten durchgeführt, um deren Einfluss auf die in Kap. 4.1.1 vorgestellten Gefügeinhomogenitäten zu untersuchen. Die zuvor uniaxial gepressten und CIP nachverdichteten Proben wurden zu diesem Zweck in separaten Sinterfahrten in Pulverbetten aus Mg–Spinell, Al_2O_3 und aus MgO gesintert. Das jeweilige Pulverbett samt Probe befand sich hierfür in einem Tiegel aus Aluminiumoxid. Als Referenz diente eine Probe, die im Tiegel ohne Pulverbett gesintert wurde. Die Proben innerhalb dieser Reihe besaßen alle eine Dicke von 4,1 mm. Die Spektren dieser vier Proben sind in Abb. 5.5 dargestellt.

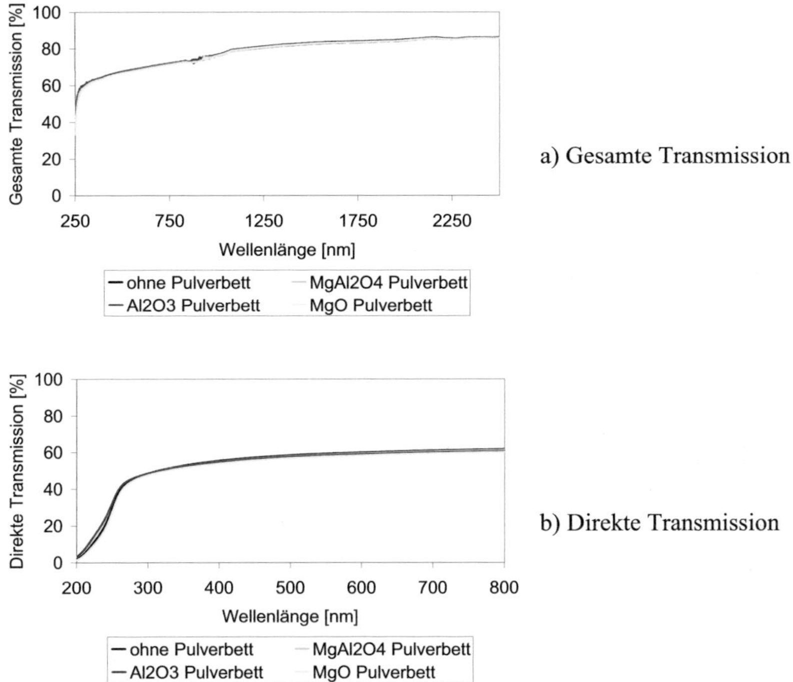

a) Gesamte Transmission

b) Direkte Transmission

Abb. 5.5: Transmissionsspektren von Mg–Spinell Proben gesintert in unterschiedlichen Pulverbetten, Probendicke jeweils 4,1 mm.

Die Sinterung im $MgAl_2O_4$ Pulverbett wurde durchgeführt, um zu prüfen, inwieweit die Inhomogenitäten der Sinter / HIP Proben auf eine Kontamination während der Verdichtung im Kammerofen zurückzuführen sind. Das Spinell–Pulverbett diente in diesen Versuchen als Gettermaterial. Mögliche Quellen für Verunreinigungen, die auftreten können, sind zum einen die Faserisolierung des Ofens und zum anderen die $MoSi_2$–Heizelemente, deren Oberfläche aus einer Siliziumoxidschicht besteht. Das für das Bett eingesetzte Pulver entsprach dem für die Probenherstellung zum Einsatz gekommenen Spinell Pulver mit einer spezifischen Oberfläche von 30 m²/g.

Die Versuche mit MgO bzw. Al_2O_3 Pulverbett wurden durchgeführt, um zu untersuchen, ob die Spinellstöchiometrie für das Auftreten der in Kap. 4.1 gezeigten Inhomogenitäten verantwortlich ist. Das Pulverbett bestand aus hochreinem MgO Pulver mit einer spezifischen Oberfläche von 32 m²/g (500A, UBE Material Ind.) bzw. aus einem hochreinen Al_2O_3 Pulver mit einer spezfischen Oberfläche von 12 m²/g (TM-DAR, Taimei Chemicals).

Die Transmissionsspektren der drei Proben, die in Pulverbetten gesintert wurden, sind annähernd identisch mit dem Spektrum der Referenzprobe, welches ohne Pulverbett gesintert wurde. Auch konnten mit bloßem Auge keine Unterschiede im Ausmaß der Inhomogenitäten durch die Verwendung unterschiedlicher Pulverbette festgestellt werden. Daher ist es unwahrscheinlich, dass geringe Abweichungen in der Stöchiometrie, wie sie durch die Abdampfung von MgO entstehen können (vgl. Kap. 2.1.1), für die Entstehung dieser Inhomogenitäten verantwortlich sind. Eine Kontamination der Proben durch die im Ofenraum befindlichen Heizelemente aus $MoSi_2$ ist ebenfalls nicht wahrscheinlich, da die Verwendung eines Pulverbettes aus $MgAl_2O_4$ wirkungslos blieb.

Einfluss von Aluminiumoxid–Wolle während der Sinterung auf die Probenfarbe

Es wurde eine Sinterung in einem Mg–Spinell–Pulverbett entsprechend dem vorangegangenen Absatz durchgeführt, bei dem Aluminiumoxid–Wolle zum Einsatz kam. Dies diente dazu, eine Aufwirbelung des Pulverbetts während des Sinter / HIP Zykluses zu unterbinden. Die Aluminiumoxid–Wolle (Altra B97 HA, Firma RATH) bestand laut Herstellerdatenblatt aus 97 % Al_2O_3 und 3 % SiO_2. Zwischen der Probe und der Aluminiumoxid–Wolle befand sich das Pulverbett mit einer Höhe von 15 mm.

Der SiO_2–Anteil in der Wolle führte dazu, dass die Mg–Spinell Probe im Anschluss an die HIP Nachverdichtung eine gelbliche Farbe aufwies (Abb. 5.6).

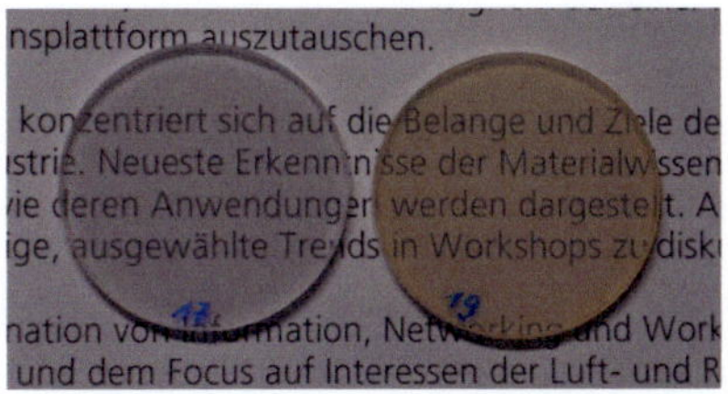

Abb. 5.6: Mg–Spinell ohne (links) und mit Al_2O_3 Wolle gesintert.

Die Verfärbung hatte einen Einfluss auf die Spektren der gesamten und der direkten Transmission und führte zu einer Zunahme der absorptionsbedingten Verluste. Dies ist besonders ausgeprägt für die direkte Transmission (Abb. 5.7 b) zu erkennen:

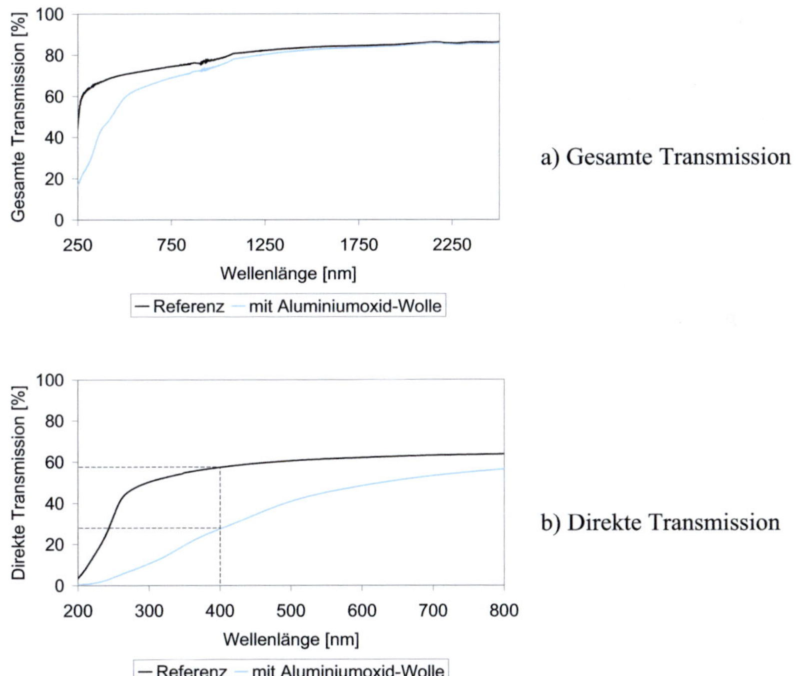

Abb. 5.7: Spektren von Mg–Spinell ohne / mit Aluminiumoxid–Wolle gesintert.

Bei einer Wellenlänge von 400 nm halbierte sich die direkte Transmission nahezu von 57 % (Referenz) auf 27 % (mit Aluminiumoxid–Wolle).

Für Wellenlängen im NIR Bereich des Spektrums (> 1,5 µm) sind die absorptionsbedingten Minderungen der Transmission nicht so stark wie im sichtbaren Bereich.

Aufgrund dieser Transmissionsabnahme wurde während der folgenden Sinterfahrten keine Aluminiumoxidwolle eingesetzt.

5.1.1.2   Schlickergegossene Proben

Die nassgeformten Proben nahmen im Laufe der HIP Nachverdichtung einen gelblich–beigen Farbton an. Da die Proben nach der Formgebung zusammen mit den trockengepressten Proben gesintert und nachverdichtet wurden und die trockengepressten Proben diese Verfärbung nicht aufwiesen, kann daraus geschlossen werden, dass die Verunreinigungen, die zur Verfärbung der nassgeformten Proben führten, während der Formgebung oder bereits während der Aufbereitung in der Planetenkugelmühle eingebracht wurden. Im letzteren Fall wäre der Abrieb der artfremden Mahlaggregate verantwortlich für den gelblichen Farbton der Probe. Abb. 5.8 zeigt die Transmissionsspektren einer nassgeformten Probe mit einer Dicke von 2,1 mm und einer trockengepressten Probe mit einer Dicke von 3,0 mm. Die Zunahme des Rauschens bei der trockengepressten Probe lässt sich dadurch erklären, dass der Durchmesser dieser Probe lediglich 15 mm betrug und daher mit einer zusätzlichen Blende gearbeitet werden musste, weswegen die Signalstärke abnahm bzw. der Anteil des Rauschens am Signal anstieg. Die Spektren der trockengepressten Proben lagen für große Wellenlängen unterhalb der Spektren der nassgeformten Proben. Für sehr kleine Wellenlängen waren die gesamte (λ < 395 nm) bzw. die direkte (λ < 510 nm) Transmissionen absorptionsbedingt bei den nassgeformten Proben niedriger.

Um auszuschließen, dass das während der Formgebung eingesetzte organische Trennmittel, welches ein Anhaften des Filterkuchens an die Formwand unterbindet, Verunreinigungen enthält, die vom Schlicker aufgenommen werden und für die Verfärbung verantwortlich sein könnten, wurden Formkörper ohne Einsatz eines Trennmittels hergestellt. Die so erhaltenen Formkörper brachen bei der Entnahme aus der Druckfiltrationsmatrize und besaßen nach der Sinter / HIP Verdichtung abermals eine Gelbfärbung. Somit ist der beim Mahlen zustandegekommene Abrieb verantwortlich für Gelbverfärbung der nassgeformten Proben und die damit verbundene Absorption.

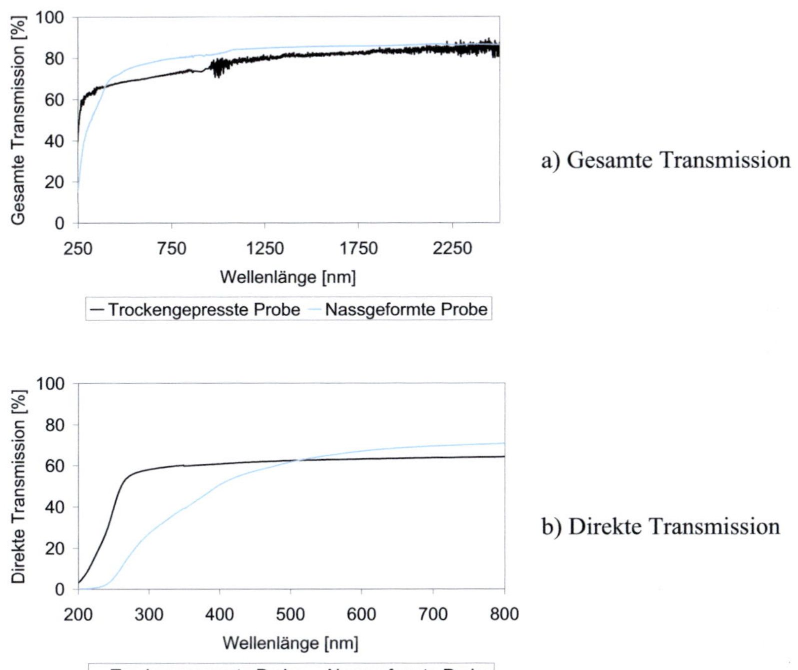

Abb. 5.8: Nassgeformte bzw. trockengepresste Proben, Probendicke 2,1 mm bzw. 3,0 mm.

5.1.2 FAST

Sämtliche Proben, die mittels FAST verdichtet wurden, wiesen eine starke dunkle Verfärbung auf. Diese Verfärbung änderte sich nur unmerklich in ihrer Intensität während der HIP Nachverdichtung. Deutlich verbessert durch die Nachverdichtung wurde hingegen die Transparenz (Abb. 5.9).

a) Nach FAST

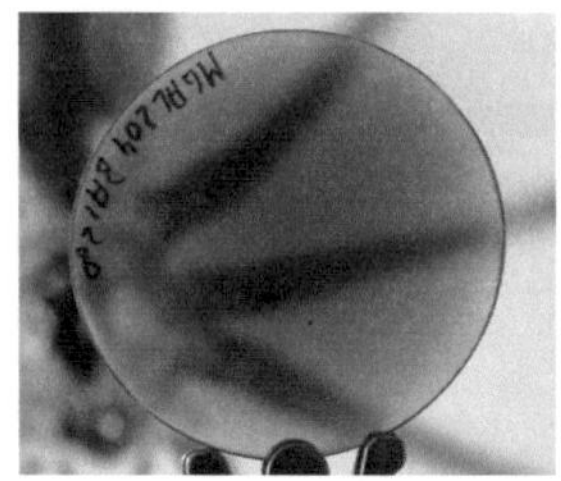

b) Nach FAST / HIP

Abb. 5.9: FAST (links) und FAST / HIP (rechts) Probe.

Mit dem Ziel, das Ausmaß dieser Verfärbungen zu reduzieren, wurden sowohl vor (Abb. 5.10) als auch nach (Abb. 5.11) erfolgter HIP Nachverdichtung mehrstündige Glühbehandlungen an Luft durchgeführt. Es wurde bei 1100 °C und bei 1300 °C jeweils für 6 Stunden geglüht. In Abb. 5.10 ist zu sehen, dass die Glühbehandlungen eine Schwarzfärbung der Proben im Laufe der HIP Verdichtung nicht unterbanden.

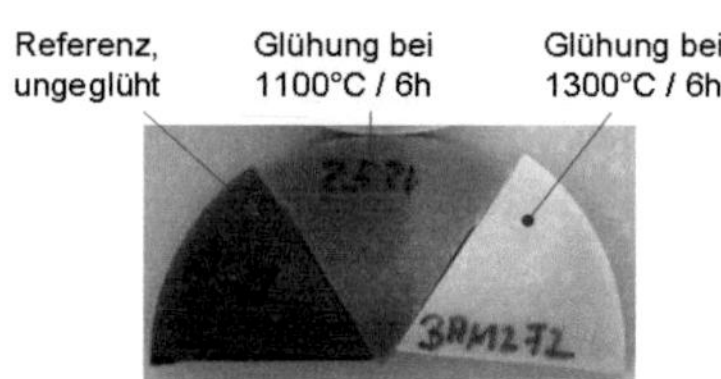

a) Variierende Glühbehandlungen vor der   b) Segmente aus Abb. 5.10 a) nach HIP
   HIP Verdichtung

Abb. 5.10: Glühbehandlungen an Segmenten einer FAST Probe.

Bei den Glühbehandlungen nach erfolgter HIP Verdichtung musste darauf geachtet werden, dass die Temperatur nicht zu hoch gewählt wird, damit zum einen starkes Kornwachstum vermieden wird und zum anderen der Poreninnendruck nicht übermäßig ansteigt. Ein Anstieg des Poreninnendrucks kann zu einer Aufweitung der Poren führen, was entsprechend dem Verlauf in Gl. 2.14 zur Reduktion der direkten Transmission führt und bei anhaltend hohen Temperaturen auch makroskopische Auswirkungen hat, wie die Aufwölbungen der Probe in Abb. 5.11 a) zeigen:

a) Mg–Spinell nach HIP an Luft geglüht, 1500 °C / 12 h   b) Mg–Spinell nach HIP an Luft geglüht, 1350 °C / 24 h

Abb. 5.11: Glühversuche an FAST Proben nach HIP

Die Probe in Abb. 5.11 b) wurde im Anschluss an die HIP Nachverdichtung jeweils 24 Stunden bei 1250 °C, 1300 °C und 1350 °C in Luft geglüht. Die Glühbehandlungen führten zu keinem merklichen Rückgang der Verfärbung, jedoch kam es im Laufe der letzten Glühbehandlung zu einer Aufweitung der Poren, so dass bereichsweise ein Übergang von transluzent–dunkel nach opak–weiß auftrat.

Da die Glühbehandlungen nicht zur Verbesserung der optischen Eigenschaften führten, wurden die Transmissionsmessungen an Proben durchgeführt, die nicht geglüht waren. In Abb. 5.12 sind die Spektren zweier Proben dargestellt, die ausschließlich FAST verdichtet wurden und einer Probe, die zusätzlich HIP nachverdichtet wurde.

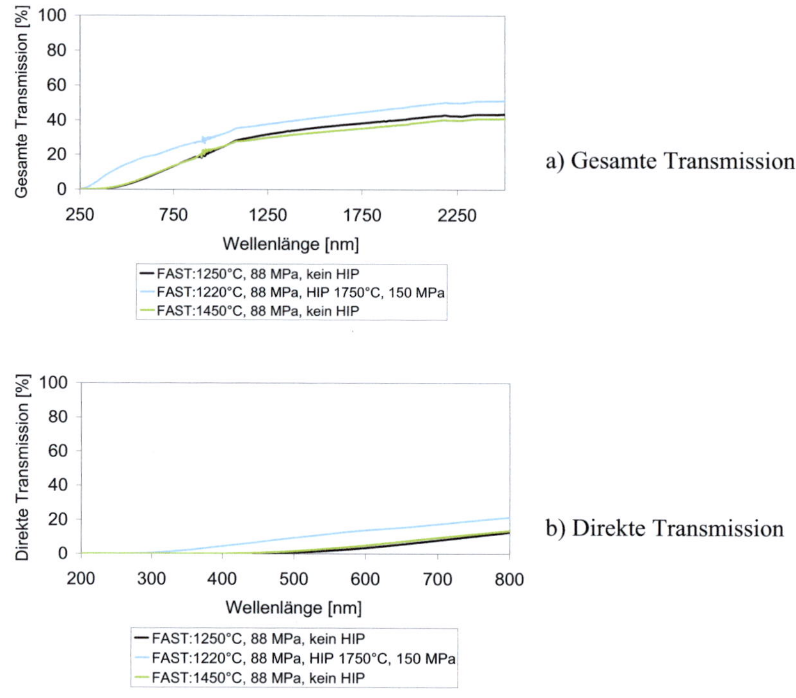

Abb. 5.12: FAST Proben, Probendicke 1,7 mm.

Die Dichten der FAST Proben betrugen 99,72% (1250 °C / 20 min / 88 MPa) bzw. 99,71% (1450 °C / 15 min / 88 MPa). Für die FAST (1220 °C / 15 min / 88 MPa) / HIP (1750 °C / 2 h / 150 MPa) Probe wurde eine Dichte von 99,98 % ermittelt.

Es ist ersichtlich, dass die HIP Nachverdichtung auch bei Proben, die mittels FAST erhalten wurden, zu einer merklichen Steigerung sowohl der gesamten als auch der direkten Transmission führte. Von den beiden FAST Proben, die nicht HIP nachverdichtet wurden, besitzt die Probe mit der niedrigeren Haltetemperatur bei gleicher Dichte eine etwas bessere Gesamttransmission im Nahen Infrarotbereich. Für Wellenlängen < 1 µm verlaufen die Spektren der gesamten wie auch der direkten Transmission dieser beiden Proben sehr ähnlich. Ferner ist zu sehen, dass die Transmissionswerte aller FAST und FAST / HIP Proben insbesondere im sichtbaren Wellenlängenbereich deutlich unter den Werten der in Abschnitt 5.1.1 vorgestellten Ergebnisse der Sinter / HIP Proben liegen.

Die Ergebnisse zeigen, dass weder die Glühbehandlungen vor der HIP Nachverdichtung noch diejenigen im Anschluss daran eine geeignete Maßnahme darstellten, um die Verfärbungen der FAST Proben zu reduzieren. Es muss daher bereits während der Verdichtung darauf geachtet werden, dass keine kohlenstoffhaltige Atmosphäre vorliegt. Dies ist bei der FAST Verdichtung durch den Einsatz des Graphitwerkzeugs nicht zu vermeiden. Metallische Werkzeuge sind aufgrund der hohen geforderten Arbeitstemperaturen wenig geeignet und der Einsatz von Werkzeugen bestehend aus keramischen Kristallgemischen mit einem Anteil an elektrisch leitfähiger $MoSi_2$ oder Ti(C,N) Phase erscheint aufgrund deren geringer Thermoschockwiderstände nicht erfolgversprechend.

In unvollständig verdichteten FAST Proben traten Dichtegradienten auf. In Kap. 1 wurde erläutert, dass es vorteilhaft ist, die Sinterung bzw. die FAST Verdichtung kurz nach Porenabschluss abzubrechen und die Endverdichtung unter Gasdruck in der HIP abzuschließen. Daher wurden jeweils zwei Proben mit Dichten von 97,5 % (1380 °C / 64 MPa / 2 min) und 98,0 % (1400 °C / 64 MPa / 2 min) in der FAST Anlage verdichtet und anschließend bis zum Erreichen der theoretischen Dichte HIP nachverdichtet (1490 °C / 150 MPa / 2 h). Obwohl der Unterschied der relativen Dichten nach FAST bei 1380 °C und bei 1400 °C lediglich 0,5 % betrug, trat reproduzierbar an jeweils beiden Probenkörpern ein Verzug der Proben mit niedrigerer Dichte während der HIP Nachverdichtung auf (Abb. 5.13).

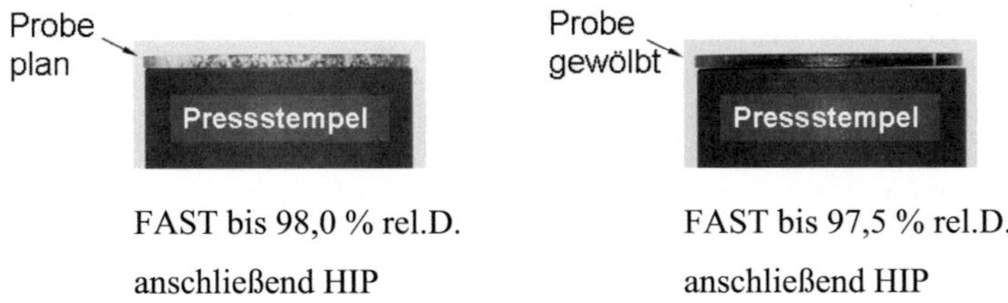

FAST bis 98,0 % rel.D.
anschließend HIP

FAST bis 97,5 % rel.D.
anschließend HIP

Abb. 5.13: Verzug von FAST Probe durch HIP.

Folglich ist es bei FAST verdichteten Proben notwendig, höhere Dichten vor Beginn der HIP Verdichtung einzustellen, um einen Verzug zu verhindern oder den entstehenden Verzug durch eine schleifende Hartbearbeitung zu beseitigen.

5.2 Korund

5.2.1 Sinter / HIP

5.2.1.1 Axial gepresste Proben

Die Transmissionsspektren in Abb. 5.14 wurden an identisch hergestellten Proben unterschiedlicher Höhe aufgenommen. Die dünnere der beiden Proben ist 0,8 mm stark, die Dicke der zweiten Probe beträgt 1,1 mm. Um zu gewährleisten, dass keine dickenabhängigen Einflüsse in die Gefügeentwicklung eingebracht wurden, wurden sämtliche Aluminiumoxid Proben mit einer Dicke von 3 mm verdichtet. Ihre endgültige Dicke erhielten die Proben während der anschließenden Hartbearbeitung.

In Abb. 5.14 ist, wie auch bei den Spinell Proben, eine Abnahme der direkten Transmission mit zunehmender Probendicke zu erkennen. Ferner tritt im Gegensatz zu Spinell eine starke Abnahme der direkten Transmission für Wellenlängen im sichtbaren Bereich auf. Dieses Verhalten ist auf die in Gl. 2.14 beschriebene Abhängigkeit des Streukoeffizienten C_{sca} von der Wellenlänge λ_m: $C_{sca} \sim (1/\lambda_m)^2$ zurückzuführen.

Die gesamte Transmission der Aluminiumoxid–Probe zeigte hingegen eine geringe Abnahme mit ansteigender Probendicke, was darauf zurückgeführt werden kann, dass die doppelbrechungsbedingte Vorwärtsstreuung nicht das Ausmaß der Lichtdurchlässigkeit beeinflusst und die Transmissionsverluste aufgrund von Korngrenzenreflektion in polykristallinem Aluminiumoxid vernachlässigt werden können. Für eine 1 mm dicke Scheibe ergeben sich bei einer Korngröße von 0,5 µm $m = 2000$ Korngrenzenpassagen des Lichts zwischen beiden Probenstirnflächen, woraus nach der in [Apet03] aufgestellten Näherung für die maximale Korngrenzenreflektion R_{max} folgt:

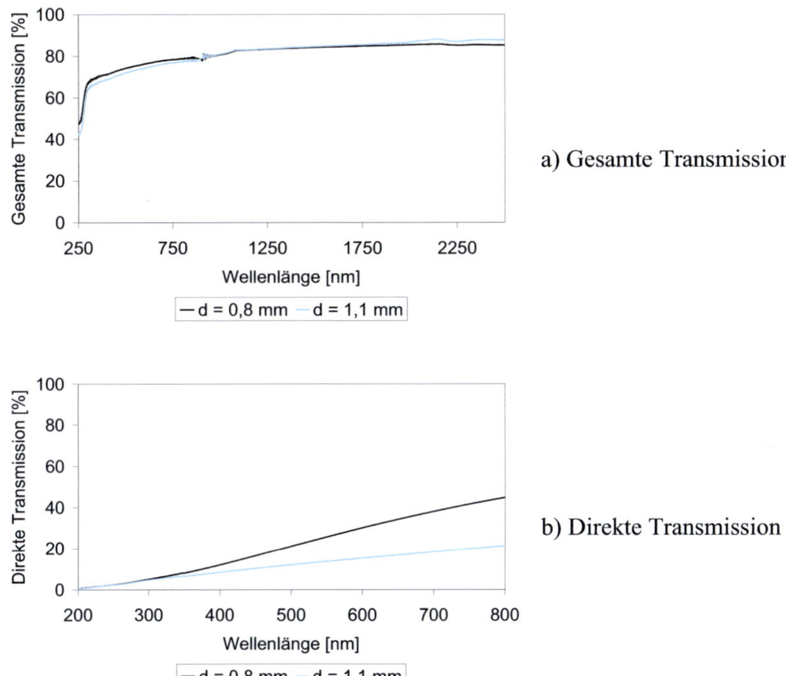

a) Gesamte Transmission

b) Direkte Transmission

Abb. 5.14: Transmissionsspektren zweier Aluminiumoxid Proben unterschiedlicher Dicke.

$$R_{max} \approx 1 - (1 - R_\perp)^m = 0{,}00995.$$

Gl. 5.5

Die an den Korngrenzen auftretende Reflektion R_{max} ist somit sehr gering, obwohl die Reflektion zwischen zwei benachbarten Körnern $R_\perp$ bei dieser Abschätzung mit $5 \cdot 10^{-6}$ angenommen wurde, was dem maximal möglichen Brechzahlunterschied von $\Delta n = 0{,}008$ entspricht.

Aus den Ergebnissen der Dichtebestimmungen in Tab. 4.6 ging hervor, dass für eine vollständige Nachverdichtung von α–Aluminiumoxid unter Wirkung eines Gasdrucks von 150 MPa eine HIP Temperatur von mehr als 1200 °C notwendig war. Die Transmissionsmessungen von identisch gesinterten Proben mit HIP Temperaturen im Bereich von 1200 °C bestätigen, dass für HIP Temperaturen kleiner 1200 °C keine vollständige Verdichtung eintrat (Abb. 5.15):

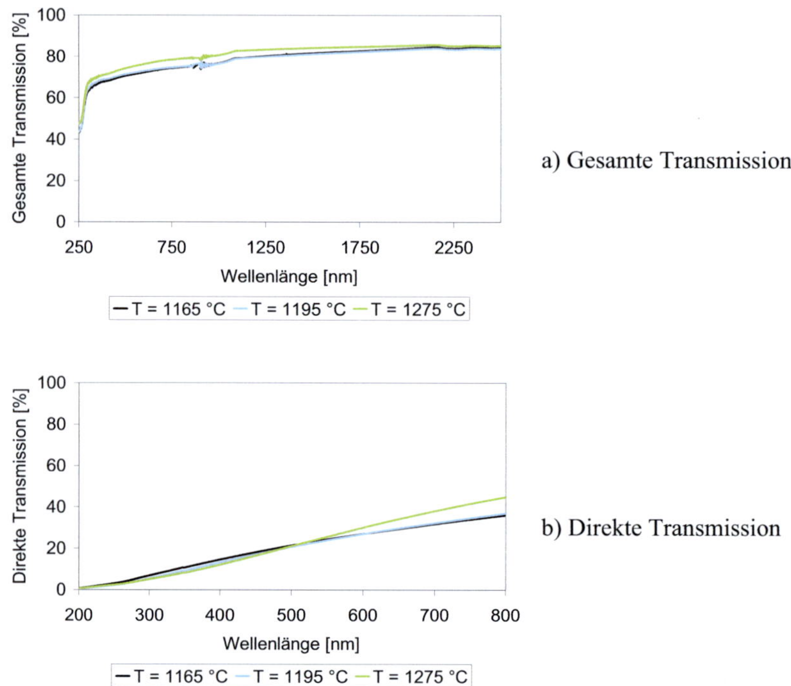

a) Gesamte Transmission

b) Direkte Transmission

Abb. 5.15: Transmissionsspektren von Aluminiumoxid Proben mit unterschiedlichen HIP Temperaturen.

Aus Abb. 5.15 kann geschlossen werden, dass bei Proben mit marginal unterschiedlichen Dichten erhebliche Abweichungen in den Transmissionsspektren auftreten können. Für Proben, die bei 1165 °C, 1195 °C bzw. 1275 °C HIP nachverdichtet wurden, ergaben sich Dichten von 3,983 g/cm³, 3,984 g/cm³ bzw. 3,989 g/cm³. Hieraus ergaben sich direkte Transmissionswerte von 29,3 %, 29,3 % bzw. 33,6 % ($\lambda = 640$ nm). Es muss an dieser Stelle erneut erwähnt werden, dass die experimentell ermittelten Dichtewerte mit einer Messunsicherheit behaftet sind, sie aber dennoch geeignet erscheinen, um sie untereinander zu vergleichen.

In Abb. 4.20 war qualitativ und in Abb. 4.22 quantitativ zu erkennen gewesen, dass eine Dotierung mit 300 ppm MgO zur Minderung des Kornwachstums während der Nachverdichtung beiträgt und gleichzeitig mit einem steileren Anstieg der Korngrößenverteilung einhergeht: im Anschluss an eine HIP Nachverdichtung lag ein d_{50} Wert (mit MgO) von 0,41 µm statt einem d_{50} (ohne MgO) von 0,74 µm vor. Die Dicken der beiden folgenden Proben betrugen jeweils 1,1 mm. Beide wurden vollständig verdichtet. Eine der Proben enthält 300 ppm MgO, die zweite wurde nicht dotiert:

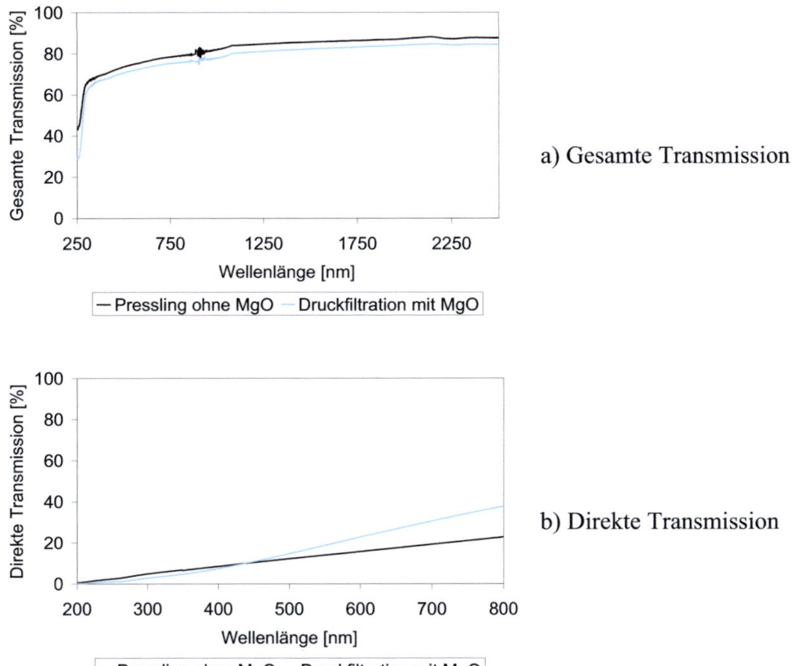

Abb. 5.16: Einfluss der Dotierung auf die optischen Eigenschaften, $d50$ (mit MgO) = 0,41 µm, $d50$ (undotiert) = 0,74 µm.

In den Transmissionsmessungen in Abb. 5.16 ist zu sehen, dass die Dotierung mit MgO und die damit verbundene Hemmung des Kornwachstums zu einer erheblichen Verbesserung der direkten Transmission bei Wellenlängen > 450 nm führt: bei einer

Wellenlänge λ von 640 nm wurden im undotierten Al_2O_3 17 % gemessen, während bei Zugabe von MgO eine direkte Transmission von 26 % vorlag. Auffallend ist gleichzeitig, dass die Gesamttransmission im undotierten Fall höher lag als bei der dotierten Probe. Eine mögliche Erklärung für dieses Verhalten ist die in der Literatur beschriebene zunehmende Absorption durch die Anreicherung der Korngrenzen mit Magnesium und die damit verbundene Erhöhung der Sauerstoffleerstellenkonzentration bei Zugabe von MgO als Sinterhilfsmittel [Wei04]. Dies könnte auch die Ursache für die etwas höhere direkte Transmission undotierter Proben bei kleinen Wellenlängen < 450 nm sein, da im UV–Bereich bereits kleinste Mengen an Verunreinigungen bzw. an definiert beigegebene Zusätzen die Elektronenanregung begünstigen. Ferner ist damit zu rechnen, dass der Mahlabrieb durch die 15 minütige Aufbereitung in der Planetenkugelmühle, wie beim Spinell gezeigt, auch bei Aluminiumoxid zu einer Zunahme der Absorption führt. Dies wurde insbesondere während der Kontrastierung der Korngrenzen bei der thermischen Ätzung sichtbar. Die zuvor farblos erscheinenden Proben erhielten während der Glühbehandlung im Kammerofen einen dunkelbeigen Farbton. Da diese Verfärbung im Laufe des thermischen Ätzens nicht bei den axialverpressten Proben auftrat, ist davon auszugehen, dass der Abrieb der ZrO_2 Mahlaggregate hierfür verantwortlich ist. Weil die Verfärbung auch bei den elektrostatisch stabilisierten Proben bestand, kann ausgeschlossen werden, dass der bei der sterischen Stabilisierung zum Einsatz gekommene Polyelektrolyt verantwortlich ist. Somit konkurrierten die Auswirkungen der zunehmenden Absorption und die Kornvergröberung in doppelbrechendem α–Aluminiumoxid als transmissionsmindernde Mechanismen miteinander.

5.2.1.2 Durch Nassformgebung erhaltene Proben

Die Dicken der nassgeformten Proben betrugen vor der Hartbearbeitung ebenfalls 3 mm. Mithilfe von Diamantschleifscheiben wurden die endgültigen Dicken auf einer Flachschleifmaschine eingestellt. Die Transmissionsspektren in Abb. 5.17 wurden an Proben durchgeführt, die aus der Druckfiltration hervorgingen und im präparierten Zustand 0,6 mm, 0,9 mm bzw. 1,1 mm stark waren. Die Sinterung bei 1180 °C führte nach einer 90 minütigen Haltezeit zu einer relativen Dichte von 95,5 %. Die anschließende HIP Nachverdichtung erfolgte bei 1275 °C / 150 MPa und war nach 2 Stunden abgeschlossen. Die Abnahme der gesamten Transmission mit zunehmender Probendicke von 76,8 % auf 73,5 % ist erneut viel geringer ausgeprägt, als die Minderung der direkten Transmission von 42,7 % auf 25,9 %.

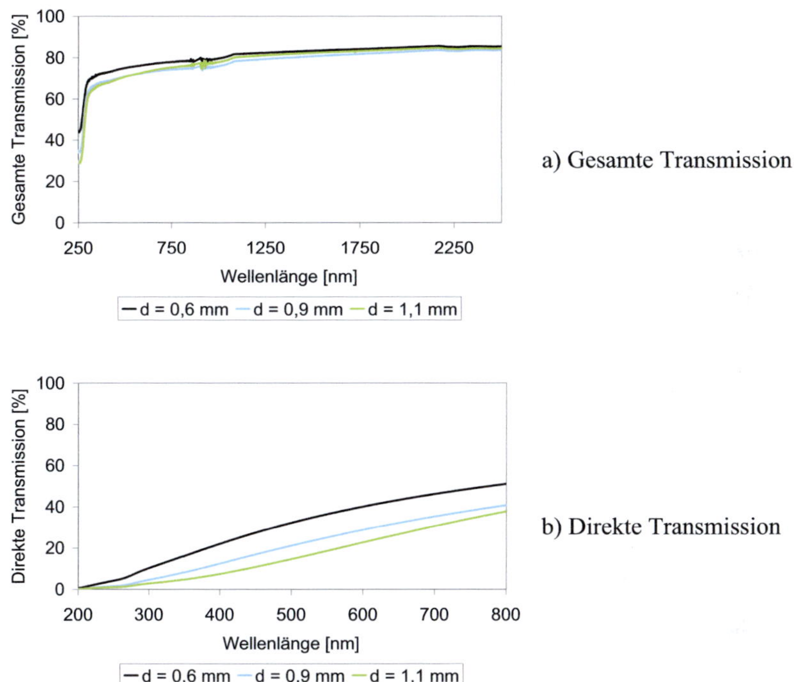

Abb. 5.17: Einfluss der Dicke auf die optischen Eigenschaften.

Die nachfolgenden Spektren zeigen, dass auch bei den druckfiltrierten Proben HIP Temperaturen von mehr als 1200 °C notwendig waren, um eine vollständige Verdichtung einzustellen: die gesamte Transmission nahm kontinuierlich mit Anstieg der HIP Temperatur von 1165 °C bis 1275 °C zu. Während sich für Wellenlängen im nahen Infrarot Bereich nur geringe Unterschiede der Transmission ergaben, lagen die Spektren für Wellenlängen < 1000 nm merklich auseinander. Das Spektrum der direkten Transmission der bei 1275 °C nachverdichteten Probe überstieg die Spektren der bei niedrigeren Temperaturen nachverdichteten Proben ebenfalls merklich: für rotes Licht (640 nm) lag die Transmission der 1275 °C Probe mit 40 % doppelt so hoch wie bei den Proben, die bei 1195 °C bzw. 1165 °C nachverdichtet wurden.

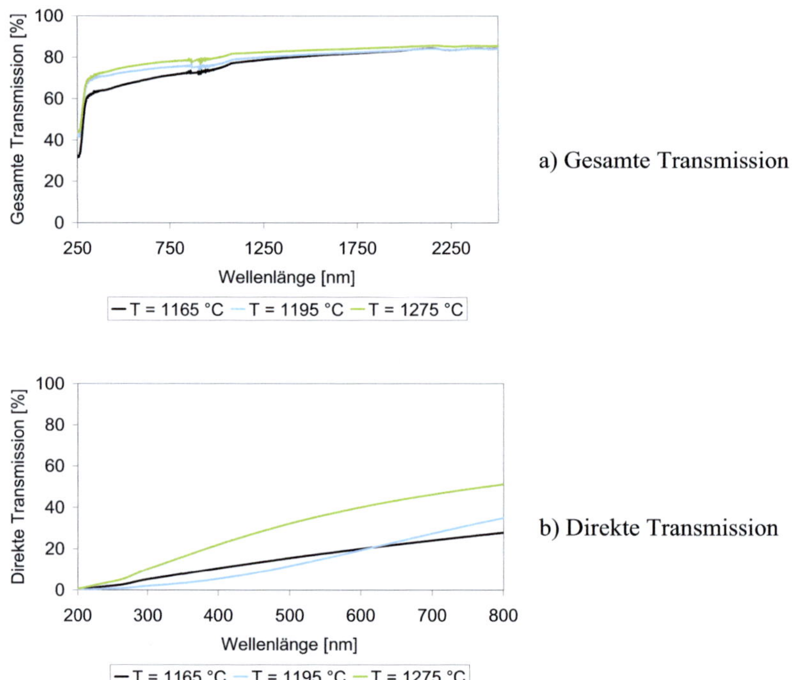

a) Gesamte Transmission

b) Direkte Transmission

Abb. 5.18: Druckfiltrierte α–Aluminiumoxid Proben bei unterschiedlichen HIP Temperaturen nachverdichtet.

Neben der Druckfiltration kam auch die Nassformgebung durch Gipsguss zum Einsatz. In Abb. 5.19 werden eine druckfiltrierte und eine auf Gips abgegossene Probe (jeweils mit MgO dotiert) miteinander verglichen. Beide Proben wurden bei 1275 °C / 150 MPa nachverdichtet und mit einer Dicke von 0,8 mm charakterisiert.

Die höhere Transmission der auf Gips abgegossenen Probe lässt sich nicht auf eine geringere Absorption zurückführen, da beide aus demselben Schlicker erhalten wurden und während der Formgebung mit den gleichen Filtrationsmembranen und Trennmit-

116

teln in Kontakt standen. Da die Korngrößen der druckfiltrierten und der auf Gips abgegossenen Probenkörper, wie in Kap. 4.2 gezeigt, sehr gut übereinstimmen, kommt nur die Porosität bzw. die Porenradienverteilung als Ursache für die höhere Transmission der auf Gips abgegossenen Proben in Betracht.

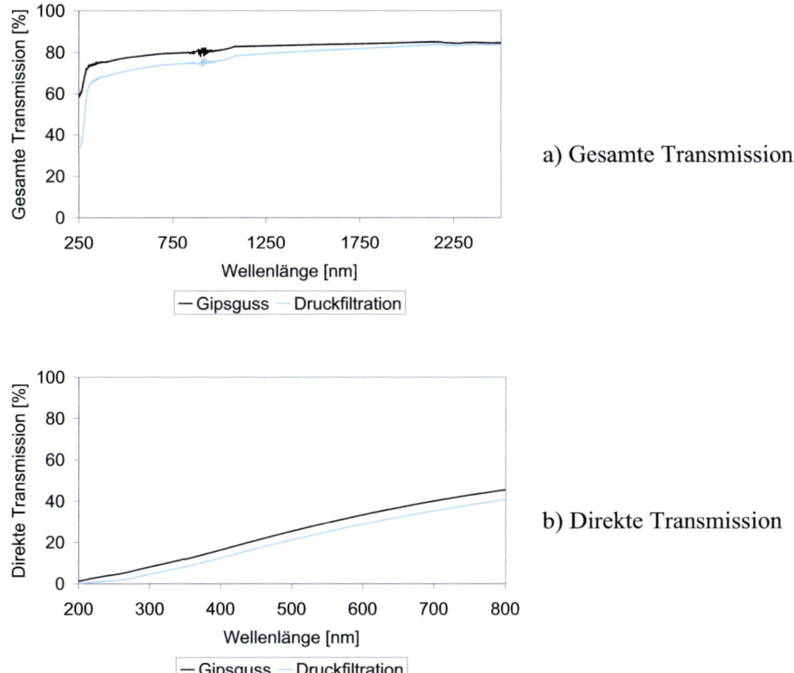

Abb. 5.19: Aluminiumoxid Proben hergestellt mithilfe der Druckfiltration und des Gipsgusses.

5.2.2 FAST / HIP

Obwohl FAST verdichtete Proben transluzent erscheinen können, ist eine HIP Nachverdichtung zweckmäßig, da trotz der hohen angewandten Last keine vollständige Verdichtung in der FAST Anlage erreicht werden konnte. Die nachfolgend dargestellten Spektren gehören zu FAST Proben mit einer Dicke $d = 0{,}7\,\text{mm}$, die bei

1160 °C / 96 MPa / 20 min verdichtet wurden. Eine der beiden Proben wurde anschließend einer HIP Nachverdichtung bei 1250 °C / 2 h unter Einwirkung von 150 MPa Argon unterzogen. Diese Probe besitzt sowohl eine höhere gesamte als auch direkte Transmission im ganzen charakterisierten Wellenlängenbereich (Abb. 5.20). Dies ist ein Nachweis dafür, dass die Verdichtung in der FAST Anlage trotz der hohen Last und der vergleichsweise langen Haltezeit nicht abgeschlossen werden konnte.

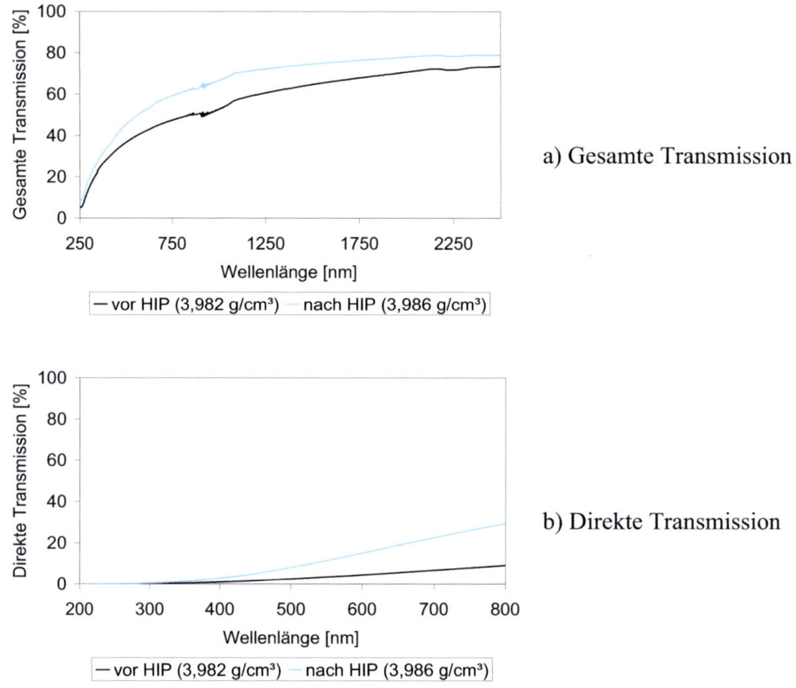

Abb. 5.20: Transmissionsspektren von FAST Probe ohne bzw. mit HIP Nachverdichtung.

Die direkte Transmission stieg während der Nachverdichtung von 5,3 % auf 18,0 % an ($\lambda = 640$ nm). Da die gesamte Transmission ebenfalls stark zunahm (von 43,3 % auf 54,2 %), ist davon auszugehen, dass im Anschluss an die FAST Verdichtung die Radien der verbliebenen Poren hinreichend groß waren, um ein erhebliches Ausmaß an diffuser Streuung zu verursachen. Diese konnten jedoch, wie die Transmissionsspektren der HIP nachverdichteten Probe zeigen, effektiv beseitigt werden.

Ähnlich den Spinell Proben besaßen die Aluminiumoxid Proben nach der Verdichtung mittels FAST eine dunkle Farbe. Qualitativ beurteilt scheint die abträgliche Wirkung dieser Verfärbung nicht besonders gravierend zu sein, da in beiden Fällen Gegenstände in größerer Entfernung zur transparenten Probe gut identifiziert werden konnten (Abb. 5.21).

 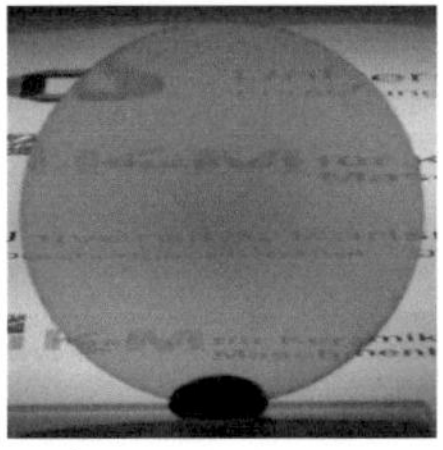

a) Sinter / HIP   b) FAST / HIP

Abb. 5.21: Im Kammerofen gesinterte Probe (links) und mittels FAST erhaltene Probe (rechts).

Die vergleichende Gegenüberstellung einer Sinter / HIP und einer FAST / HIP Probe in Abb. 5.22 zeigen indes, dass die Transmission der Sinter / HIP Probe im sichtbaren Wellenlängenbereich nahezu doppelt so groß war, wie die der FAST / HIP Probe.

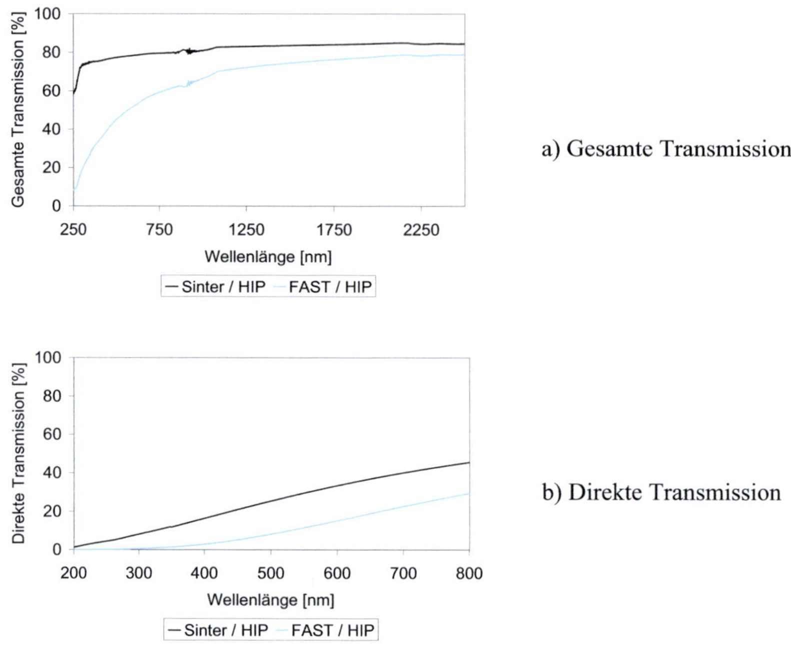

a) Gesamte Transmission

b) Direkte Transmission

Abb. 5.22: Optische Eigenschaften von Sinter/HIP bzw. FAST/HIP Proben.

5.3 Diskussion der optischen Eigenschaften von Mg–Spinell und Aluminiumoxid

Mg–Spinell

<u>Sinter / HIP</u>

Maca verwendete in [Maca06] das gleiche Ausgangspulver wie in der vorliegenden Arbeit. Dort wurden kaltisostatisch gepresste Formkörper über die Sinter / HIP Route verdichtet und anschließend optisch charakterisiert. Die Sinterungen fanden unter Variation der Haltezeit bei 1550 – 1600°C statt, nachverdichtet wurde für eine Stunde bei 1500°C unter einem Gasdruck von 200 MPa. Maca ermittelte die besten Transmissionswerte an Proben, bei denen die Vorsinterung direkt nach Erreichen des Porenabschlusses erreicht wurde. Im Anschluss an die Nachverdichtung wurde eine In–line

Transmission (Probendicke $d = 1,1$ mm, Wellenlänge $\lambda = 640$ nm) von 60,2 % gemessen, wenn die Haltezeit in der Sinterstufe 5 min betrug (94,9 % rel. Dichte). Eine Verlängerung der Haltezeit auf 1 h führte zu Proben mit einer In–line Transmission von lediglich 37,9 %. Die Dichte nach der Sinterung hatte in diesem Fall bereits 97,9 % betragen. In der vorliegenden Arbeit war die Abhängigkeit der sich einstellenden Dichte während der Sinterung nicht so stark von der Haltezeit abhängig wie bei Maca. Eine Verlängerung der Haltezeit von 0,5 h bei 1500°C auf 1,5 h führte im Anschluss an die HIP Nachverdichtung zu einer Abnahme der In–line Transmission von 60,4 % auf 58,8 % (Probendicke $d = 4,1$ mm, Wellenlänge $\lambda = 640$ nm). Die relative Sinterdichte stieg in dieser Zeitspanne von 95,4 % auf 96,9 % an.

Huang synthetisierte Spinell Pulver durch Hydrolyse und anschließende Kalzinierung von Alkoholaten. In [Huan05] wird berichtet, dass durch Sinterung oberhalb von 1400°C und einer anschließenden Nachverdichtung bei 1600°C bis 1800°C und 100 MPa bis 200 MPa Gasdruck $MgAl_2O_4$ Proben erhalten werden können, die in ihren optischen Eigenschaften nahe an einkristallinen Spinell herankommen. Dort wurden Sinteratmosphären vergleichend untersucht und es wurde gefunden, dass insbesondere die Verdichtungen im Vakuum und auch an Luft vorteilhaft verliefen, reduzierende Wasserstoffatmosphären hingegen führten zu Proben geringer Transparenz. Im Rahmen dieser Arbeit wurde beobachtet, dass eine Sinterung im Vakuum höhere Temperaturen bedurfte als Sinterungen in Luft, wodurch gröbere Gefüge eingestellt wurden, welche wiederum mit geringeren Transmissionen im Anschluss an die Nachverdichtung erwarten lassen.

Veröffentlichungen zur Herstellung transparenter Spinell Keramiken mithilfe der Nassformgebung finden sich in der Literatur nicht. Ganesh und Olhero zeigten in ihren Arbeiten, dass die vorangehende Oberflächenpassivierung von Spinellpulvern in alkoholischen Lösungen von H_3PO_4 und $Al(H_2PO_4)_3$ eine geeignete Methode darstellt, die Hydrolyse von Spinell in wässrigen Schlickern zu unterbinden [Gane10, Olhe08]. In diesen Arbeiten wurden jedoch keine optisch–transparenten Keramiken hergestellt, sondern es wurden Proben mit relativen Dichten von maximal 98 % erhalten. In der vorliegenden Arbeit konnten nassgeformte Proben transparent verdichtet werden. Jedoch wiesen alle nassgeformten Proben aufgrund des Mahlabriebs, der sich auch bei geringem Energieeintrag einstellte, Verfärbungen und damit geringere Transmissionen auf.

FAST / HIP Proben

Dericioğlu stellte transparente Spinell Proben durch Reaktionsverdichten von Aluminiumoxid und Magnesiumoxid in der Heißpresse her [Deri03]. Die Temperatur wurde hierfür bei einer Haltezeit von einer Stunde variiert und betrug 1400 °C, 1450 °C und 1500 °C unter einer mechanischen Last von 50 MPa. Die anschließende isostatische Nachverdichtung wurde unter 189 MPa Ar bei 1900 °C durchgeführt. Dericioğlu fand, dass niedrige Haltetemperaturen in der Heißpresse sich vorteilhaft auf die Transmission auswirkten. Die bei 1400 °C verdichtete Probe zeigten bei einer Dicke von 2 mm eine Transmission von 63 % ($\lambda = 640$ nm), an den bei 1450 °C bzw. 1500 °C verdichteten Proben wurden Transmissionen von 38 % bzw 30 % gemessen. Als Hauptursachen für die optischen Verluste wurde neben verfärbungsbedingter Absorption die Bildung von Mikrorissen entlang der Korngrenzen ausgemacht, welche als Streuzentren wirkten. Diese Mikrorisse wurden auf die simultane Umsetzung von MgO und Al_2O_3 zu $MgAl_2O_4$ und auf die damit verbundene etwa 5 %–ige Volumenexpansion mit der zeitgleich ablaufenden Verdichtung zurückgeführt.

Morita variierte in [Mori09] die Heizrate beim FAST Verdichten von Spinell Pulver mit einer Partikelgröße von 360 nm (TSP–15, Taimei Chemical Co.Ltd.). Die Haltetemperatur betrug bei dieser Versuchsreihe 1300 °C, die Haltezeit 20 min und die aufgebrachte Last 80 MPa. Morita fand, dass eine Reduktion der Heizrate von 100 K/min auf 5 K/min mit einer starken Erhöhung der Transmission verbunden war. Proben, die am langsamsten aufgeheizt wurden, zeigten eine Transmission von 54 % ($\lambda = 640$ nm), bei einer Heizrate von 50 K/min betrug die Transmission lediglich 33 %. Bei einer Aufheizung mit 100 K/min wurden opake Proben erhalten. Begründet wird die Verbesserung der Transmission mit abnehmender Heizrate damit, dass bei geringen Heizraten die Poren zum Zeitpunkt des Porenabschlusses kleinere Durchmesser aufwiesen und dadurch effizienter beseitigt werden konnten.

Im Gegensatz zu den gesinterten Proben wurden die Transmissionswerte der mittels FAST hergestellten Proben in der vorliegenden Arbeit durch verfärbungsbedingte Absorptionseffekte limitiert. Diese Schwarzfärbung der Proben kann folgende Ursachen besitzen:

- Zerfall von CO, welcher in den Poren eingeschlossen ist, im Laufe der Verdichtung aufgrund der Zunahme des Innendrucks in den Poren zu CO_2 und C, wobei sich der Kohlenstoff in den Poreninnenflächen abscheidet [Meir09].

- CO reagiert mit dem Sauerstoff aus dem Gitter des Spinells zu CO_2 und hinterlässt Sauerstoffleerstellen.

- Starke Zunahme der Versetzungsdichte aufgrund der hohen mechanischen Last bei der FAST–Verdichtung [Wang09]

Meir fand beim Reaktionsverdichten von Spinell, dass der Anstieg des Poreninnendrucks im Laufe der Verdichtung dazu führt, dass vorliegendes Kohlenmonoxid sich in Form von Kohlenstoff in den Poreninnenflächen abscheidet und zu einer Verfärbung der Proben und damit dem Anstieg von Absorption führt [Meir09]. Niedriger Poreninnendruck hingegen führt dazu, dass das durch die Anwesenheit von Sauerstoff entstandene Kohlenmonoxid im Laufe der Verdichtung bestehen bleibt und nicht zu einer Verfärbung führt (Gl. 5.6):

$$C + CO_2 \leftrightarrow 2\,CO. \hspace{4cm} \text{Gl. 5.6}$$

Vergleichende Untersuchungen mit LiF als Sinteradditiv ebenfalls in [Meir09] zeigten, dass dieses durch seine Benetzung der Spinellpartikel und anschließende Abdampfung eine Reinigung der Partikeloberflächen bewirkte und dadurch eine Dunkelverfärbung der Proben bereits ab einem LiF Gehalt von 0,5 Ma.–% unterbunden werden konnte, während undotierte Proben unter sonst identischen Prozessparametern zu starker Absorption neigten. In LiF additivierten Spinell Proben wurde ein Kohlenstoffgehalt von 30 ppm ermittelt, während dieser in nicht additivierten Proben mehr als 500 ppm betrug. Dadurch konnte unter Verwendung von LiF eine hohe Transmission von 71 % bei einer Wellenlänge von 640 nm eingestellt werden.

Frage beobachtete ebenfalls eine starke Zunahme der Transmission durch die Additivierung mit 1 Ma.–% LiF. In [Frag07] konnte bei einer Wellenlänge von 640 nm eine Transmission von 69 % ermittelt werden, während die Transmission der undotierten Proben mit weniger als 50 % angegeben wird. In der vorliegenden Arbeit wurde auf eine Additivierung aufgrund der in Abschnitt 2.1.1 beschriebenen inhomogenen Verdichtung und damit verbundenen Gefahr des abormalen Kornwachstums verzichtet.

In [Wang09] wird die hohe Adsorption der undotierten Spinell Keramiken, die in FAST Prozessen verdichtet wurden, mit den hohen Versetzungsdichten begründet, die auf die hohe mechanische Last zurückzuführen sind. Diese Versetzungen bedeuteten gleichzeitig eine hohe Dichte an Leerstellen, die wie Farbzentren wirkten. Wang variierte in seinen Untersuchungen die mechanische Last und fand, dass eine Anhebung der Last von 10 MPa auf 50 MPa in 10 MPa Schritten zu einer sukzessiven Abnahme der Transmission von anfänglich 65 % auf 10 % führte ($\lambda = 640$ nm). Die Abnahme der Absorption in Arbeiten, in denen LiF als Sinterhilfsmittel verwendet wurde, begründet Wang damit, dass LiF das Auftreten superplastischer Verformung begünstigt und dadurch die Versetzungsdichte gesenkt wird, so dass wiederum eine niedrige Dichte an Farbzentren vorläge. In der vorliegenden Arbeit wurde gezeigt, dass die Korngröße der FAST–verdichteten Proben im Laufe der HIP–Nachverdichtung von 0,3 µm auf 20 µm ansteigt. Dieses starke Kornwachstum würde, sofern eine erhöhte Versetzungsdichte nach der FAST–Verdichtung vorläge, dafür sorgen, dass diese Versetzungen während der HIP–Nachverdichtung ausgeheilt und demnach unverfärbte Proben erhalten würden. Da die HIP–Behandlung allerdings nicht zur Beseitigung der Verfärbung führte, ist es als unwahrscheinlich zu erachten, dass eine erhöhte Versetzungsdichte zur Schwarzfärbung im Mg–Spinell führt.

Bernard–Granger konnte mittels Induktiv Gekoppelter Massenspektroskopie (ICP) einen Schwefelgehalt von 400 ppm in dem im Rahmen dieser Arbeit ebenfalls eingesetzten Spinell Pulver der Handelsbezeichnung Baikowski Chimie S30CR nachweisen [Bern09]. Wie auch in [Meir09] führte Bernard-Granger die Verfärbung seiner undotierten Spinell Probenkörper auf Kohlenstoffverunreinigungen zurück, wenngleich hier postuliert wird, dass eine Umwandlung von CO_2 zu CO innerhalb der geschlossenen Poren zu einer Ausscheidung von Kohlenstoff innerhalb der Spinell–Körner führt, die als Ursache für die Verfärbungen angesehen wird. Dieses Modell kann anhand Gl. 5.6 nicht nachvollzogen werden, da die Abscheidung von Kohlenstoff auf die Seite der Edukte unter Bildung von CO_2 stattfinden kann, nicht aber auf der Produktseite auf der CO vorliegt.

Es werden zum Teil gegensätzliche Gründe für das Auftreten von Verfärbungen und die damit verbundene Minderung der Transmission beim Heißpressen und FAST Verdichten von Spinell in der Literatur aufgeführt. Auch in der vorliegenden Arbeit wurden Proben erhalten, die im sichtbaren Wellenlängenbereich stark absorbierten, wenn sie mittels FAST hergestellt wurden. Diese Verfärbungen konnten weder durch Glühbehandlungen, die vor der HIP Nachverdichtung durchgeführt wurden, beseitigt werden, noch durch solche, welche im Anschluss dazu vollzogen wurden. Die Verwendung von LiF als Sinterhilfsstoff wird zwar als absorptionsmindernd beschrieben [Bern09, Meir09], kam hier aber nicht zum Einsatz, da das Auftreten abnormalen Kornwachstums und der damit verbundenen intragranularen Poren unterbunden werden sollte [West04].

Von den oben aufgeführten möglichen Ursachen für die starke Schwarzfärbung FAST–verdichteter Proben werden lediglich die Umsetzung von CO zu CO_2 und C und die Reduktion des Mg–Spinells durch die CO–haltige Atmosphäre in der Prozesskammer als wahrscheinlich erachtet. Eine Verschiebung des Boudouard–Gleichgewichts in Gl. 5.6 hin zur Seite der Edukte findet unter sonst unveränderten Reaktionsbedingungen statt, wenn der Druck ansteigt. Während der Verdichtung des verwandten Spinell–Ausgangspulvers kam es nach dem Porenabschluss bis zum Einstellen einer Dichte > 99,95 % zu einer geschätzten Abnahme der Porendurchmesser von anfänglich 100 nm (Partikeldurchmesser) auf weniger als 10 nm (größere Poren führen zu Opazität). Nach der allgemeinen Zustandsgleichung idealer Gase würde dies eine Vertausendfachung des Drucks in der Pore bedeuten, wenn gleichzeitig angenommen wird, dass die Masse des Gases innerhalb der Pore sich nicht änderte und die Kompression des Gases nicht zu einer lokalen Erwärmung führte. Da den 2 mol

Gas der Produktseite lediglich 1 mol CO_2 auf der Seite der Edukte gegenüberstehen, würde dies eine Abscheidung von Kohlenstoff hervorrufen.

Die Bildung von Farbzentren durch Sauerstoffleerstellen wird ebenfalls als wahrscheinlich erachtet, da dieser Mechanismus auch bei anderen oxidischen Keramiken auftritt. Ein Beispiel hierfür ist Zirkonoxid, welches aus dekorativen Gründen sogar gezielt reduzierenden Atmosphären zur Schwarzfärbung ausgesetzt wird. In [Guo96] wurde die Schwarzfärbung von λ–Sonden aus kubischem Zirkonoxid in reduzierender Atmosphäre untersucht, um bei einer anschließenden thermorgravimetrischen Analyse in sauerstoffhaltiger Atmosphäre die Massenzunahme aufgrund von Reoxidation zu bestimmen. Diese betrug 0,11 Ma.–% nach Auslagerung bei einer nicht angegebenen Temperatur.

Aluminiumoxid

<u>Sinter / HIP</u>

Yamashita untersuchte in [Yama08] transluzente Al_2O_3 Proben, die durch Axialpressen gefolgt von kaltisostatischem Pressen geformt und anschließend Sinter / HIP verdichtet wurden. Die Heizraten beim Sintern waren mit 100 K/h niedriger, die Haltetemperaturen sowohl beim Sintern als auch bei der HIP Nachverdichtung hingegen mit 1300 °C bzw. 1350 – 1500 °C höher als in der vorliegenden Arbeit. Die Proben zeigten keine Verfärbung, jedoch wurde schon weit oberhalb einer Wellenlänge von 140 nm (welches einer Bandlücke von 8,8 eV entspricht) eine starke Abnahme der Transmission beobachtet, was bei den Messungen in dieser Arbeit auch der Fall war. Diese Diskrepanz zwischen der zu erwartenden und gemessenen Verläufe der Transmissionen wurde zurückgeführt auf die Absorption durch Fe^{3+} Verunreinigungen und auf das Vorhandensein von Farbzentren. Bei einer Probendicke von 1 mm wurde in [Yama08] eine Gesamttransmission von 70 % bzw. eine In–line–Transmission von 11 % bei vergleichbar hoher HIP Temperatur ermittelt ($\lambda = 600$ nm). In der vorliegenden Arbeit wurden bei einer Dicke von 1,1 mm sowohl eine höhere Gesamttransmission (74 %) als auch In–line–Transmission (15 %) gemessen. Ursächlich für die höheren Transmissionswerte in der vorliegenden Arbeit ist nicht die kleinere Korngröße

(0,8 μm statt 2,6 μm), denn diese hat nur einen geringen Einfluss auf die Gesamttransmission. Hingegen wird die Gesamttransmission sehr stark vom Betrag der remanenten Porosität und der Porendurchmesserverteilung beeinflusst. Yamashita zeigte, dass bereits für eine Porosität von 0,01 % bei einem monomodalen Porendurchmesser von 100 nm eine Minderung der Gesamttransmission von 84 % auf 80 % zu erwarten ist, während die korngrößenbedingte Abnahme der Gesamttransmission vernachlässigbar ist. Es wurden dort bei Gefügeuntersuchungen sowohl inter– als auch wenige intragranulare Poren mit einem Durchmesser von 100 nm gefunden. Die Gefügeuntersuchungen in der vorliegenden Arbeit offenbarten keine intragranularen und nur äußerst wenige intergranulare Poren.

Krell fand, dass eine Verlängerung der Haltezeit während der Nachverdichtung bei gleichzeitiger Senkung der Haltetemperatur zur Verbesserung der Transmission führte [Krel09]. Begründet wurde dieses Verhalten nicht mithilfe des etwas gehemmten Kornwachstums bei niedrigerer Haltetemperatur, sondern mit der effizienteren Beseitigung remanenter Poren bei einer Ausdehnung der Haltezeit von 2 h auf 12 h. In der vorliegenden Arbeit wurde die HIP Haltezeit nicht variiert, ein Unterschied in der remanenten Porosität bei ansonsten vergleichbarem Gefüge und Probendicke (Korngröße Krell: 0,53 μm, hier: 0,41 μm) könnte die Ursache abweichender Transmissionen gewesen sein (direkte Transmission Krell: 47 %, hier: 37 %). Neben Korngröße, Porosität und Fremdphaseneinschlüssen, ist unterschiedliche Oberflächengüte häufige Ursache für abweichende Messwerte. In [Krel09] wird gezeigt, dass für eine polierte Probe (KG = 0,34 μm, R_a = 4 nm) eine Transmission von 72,2 % unter Verwendung einer Immersionsflüssigkeit erhalten werden kann, ohne Immersionsmedium lag der Transmissionswert selbiger Probe bei 66,8 %. Für ein etwas gröberes Korn (0,5 μm) ergaben sich bei entsprechender Vorgehensweise 66,3 % bzw. 61,5 % Transmission.

Braun stellte elektrophoretisch abgeschiedene Grünkörper aus undotiertem, mit 250 ppm MgO dotiertem und mit 450 ppm ZrO_2 dotiertem Aluminiumoxid her [Brau06]. Trotz ausgeprägteren Kornwachstums wies die undotierte Probe mit 50 % die höchste Transmission auf, die dotierten Proben lagen mit 40 % (MgO) und 42 % (ZrO_2) merklich unter diesem Wert. Begründet wird dies mit geringeren Gründichten der dotierten Scherben aufgrund erschwerter Schlickerstabilisierung. Im Rahmen der vorliegenden Arbeit wurden keine nachteiligen Auswirkungen des MgO auf die Stabilisierung des Schlickers festgestellt, die etwas niedrigeren Transmissionswerte im Vergleich zu den undotierten Proben werden hingegen zurückgeführt auf den Abrieb der Mahlaggregate, der sich auch bei geringem Energieeintrag einstellte und auf eine Erhöhung der Sauerstoffleerstellenkonzentration durch den Einbau von Mg^{2+} in das Aluminiumoxidgitter. Diese beiden Effekte senken die Transmission, während gleichzeitig die Hemmung des Kornwachstums durch die Additivierung mit MgO die Streuverluste durch Doppelbrechung minimierte.

Da selbst äußerst geringe Korngrößen von 0,34 µm bei Probendicken von 0,8 mm nicht zu direkten Transmissionen größer 67 % führen [Krel09], erscheint die alleinige Begrenzung des Kornwachstums nicht zielführend zu sein. In einer Veröffentlichung aus der jüngeren Vergangenheit zeigte Zhang, dass die Verwendung plättchenförmiger Al_2O_3 Pulver für die elektrophoretische Abscheidung hochgradig texturierter Grünkörper eingesetzt werden kann [Zhan10]. Diese Orientierung der Pulverpartikel im Scherben sind bei der Herstellung optischer Al_2O_3 Keramiken zweckmäßig, weil so die optischen Achsen der einzelnen Körner im Gefüge parallel ausgerichtet werden, wodurch das Ausmaß der Doppelbrechung verringert werden kann. In einer weiteren aktuell erschienen Arbeit zeigte Mao, dass durch die Trocknung eines 30 Vol.–%igen wässrigen Schlickers in einem starken Magnetfeld (12 T) Grünkörper mit hohem Texturierungsgrad erhalten werden können [Mao08]. Vergleichend hergestellte Grünkörper, die nicht im Magnetfeld getrocknet wurden, zeigten erwartungsgemäß keine Vorzugsrichtung. Nach Sinterung bei 1850 °C für 3h in Wasserstoff ergaben sich in beiden Fällen Korngrößen zwischen 30–40 µm, wobei die In–line Transmissionen sich drastisch unterschieden: bei $\lambda = 400$ nm ergab diese für die untexturierte Probe 10 %, während sie für die texturiert hergestellte Probe 44 % betrug. Diese Ergebnisse belegen, dass eine parallele Ausrichtung der optischen Achsen der einzelnen Körner einen sehr vielversprechenden Ansatz darstellt, um transparente Aluminiumoxidkeramiken mit Dicken größer als 1 mm herzustellen, indem die wellenlängenabhängige Abnahme der RIT aufgrund von $C_{sca} \sim \Delta n^2$ umgangen wird.

<u>FAST / HIP Proben</u>

Es finden sich in der Literatur einige Arbeiten zum Thema FAST–Verdichtung von Al_2O_3. In manchen dieser Arbeiten wird von vollständiger Verdichtung unter Wahrung geringer Korngröße berichtet. Risbud verdichtete Aluminiumoxid mit einer Korngröße von 0,65 µm zu einer Dichte von 99,2 % bei 1150 °C [Risb95], Zhan ermittelte eine Korngröße von 0,35 µm bei derselben Haltetemperatur und einer Dichte von 99,8 % [Zhan02]. Shen erhielt in der FAST Anlage 100 % dichtes Aluminiumoxid bei einer Haltetemperatur von 1200 °C mit einer Korngröße von 0,5 µm. In keiner der erwähnten Arbeiten konnte trotz der dort berichteten geringen Korngrößen Transparenz eingestellt werden. Hohe Transmissionswerte in mittels FAST verdichteten Aluminiumoxidproben erhielt Jin [Jin10]. Das von ihm verwendete Ausgangspulver der Handelsbezeichnung HFF5 (Shanghai Wusong Chemical) wurde sowohl unbehandelt als auch nach Durchlaufen einer nasschemischen Ätzbehandlung FAST–verdichtet. Die Prozessparameter hierbei waren eine Heizrate von 100 K/min und Haltetemperaturen zwischen 1300 °C und 1400 °C bei einer Haltezeit von 3 Minuten. Die Lastaufbringung erfolgte bei 700 °C und war mit Erreichen von 80 MPa abgeschlossen. Jin fand, dass eine Behandlung des Ausgangspulvers in 10–prozentiger Flusssäure den Erhalt von transparentem Aluminiumoxid ermöglichte. Trotz Variation der Prozessparameter konnte bei Verwendung des unbehandelten Pulvers keine Transparenz eingestellt werden, eine Vorbehandlung in Säure hingegen lieferte Probenkörper mit 54 % direkter bzw. 76 % gesamter Transmission bei einer Probendicke von 0,5 mm und einer Wellenlänge von 640 nm. Diese hohen Transmissionswerte wurden damit begründet, dass die 6–stündige Ultraschallbehandlung im Säurebad vorhandene Aggregate zerstört bzw. deren Zerstörung unter Last in der FAST Anlage erleichterte, und dass weiterhin die Pulveroberfläche durch den Ätzvorgang aktiviert wurde. Da das von Jin verwendete Ausgangspulver mit 8 m²/g eine relativ niedrige spezifische Oberfläche aufwies, stellte sich ein im Zusammenhang mit transparentem Aluminiumoxid nicht als feinkörnig zu bezeichnendes Gefüge mit einem d_{50} von 2 µm ein. Die trotz der Doppelbrechung hohe Transmission seiner Proben begründete Jin damit, dass die geringe spezifische Oberfläche des von ihm verwendeten Pulvers für eine schwächere Reduktion des

Al_2O_3 in der kohlenstoffhaltigen Atmosphäre verantwortlich war, wodurch sich eine geringe Absorption einstellte.

Kim wendete niedrige Heizraten für den Erhalt transparenter, feinkörniger Al_2O_3 Proben an. In [Kim07] wurde mittels zweistufiger Aufheizung mit 25 K/min bis 1000 °C bzw. 8 K/min bis 1150 °C unter einer Last von 80 MPa und einer Haltezeit von 20 min eine direkte Transmission von 47 % erreicht ($t = 0,88$ mm, $\lambda = 640$ nm). Unter sonst unveränderten Prozessparametern betrug bei einer Heizrate von 100 K/min die Transmission lediglich 0,2 %. Während beim langsamen Aufheizen die Porosität vollständig beseitigt und eine Korngröße von 0,27 µm eingestellt werden konnte, wurde unter schneller Aufheizung keine vollständige Beseitigung der Porosität erreicht. Die Korngröße stieg auf 0,55 µm. Begründet wurde das beschleunigte Auftreten von Kornwachstum unter höheren Heizraten nicht.

In der vorliegenden Arbeit wurde für die FAST Verdichtung der Aluminiumoxid–Proben eine Heizrate von 25 K/min gewählt. Da durch die Verdichtung in der FAST Anlage keine vollständige Beseitigung der Porosität eingestellt werden konnte, erfolgte eine Nachverdichtung durch HIP. Aus Abb. 5.20 geht hervor, dass nach der FAST Verdichtung bei $\lambda = 640$ nm eine direkte Transmission von 6 % und nach HIP von 19 % vorlagen. Diese Werte stehen den oben genannten höheren Ergebnissen von 54 % in [Jin10] und 47 % in [Kim07] gegenüber. Zu beachten gilt, dass die Transmissionsmessungen in allen drei Arbeiten an unterschiedlich dicken Scheiben durchgeführt wurden. In der vorliegenden Arbeit betrug diese 1,1 mm, in [Jin10] waren es 0,5 mm und in [Kim07] 0,88 mm. Um eine bessere Vergleichbarkeit der Ergebnisse zu erhalten, ist es notwendig, Gl. 2.7 wie folgt umzuformen:

$$T_2 = (1 - R) \cdot \left(\frac{T_1}{1 - R} \right)^{\frac{d_2}{d_1}}.$$

Gl. 5.7

Hierin sind R der Reflektionsgrad, $T_{1,2}$ die Transmissionen und $d_{1,2}$ die Dicke der Scheiben. Damit ergäbe sich für eine Probendicke von 1,1 mm eine Transmission von 31 % für Jins und von 40 % für Kims Proben. Dennoch liegt die hier erhaltene direkte

Transmission von 19 % merklich schlechter als in den beiden zitierten Arbeiten. Da die gesamte Transmission ebenfalls niedrig ist (Abb. 5.22), Objekte in geometrischem Abstand zur Probe aber gut erkannt werden können (Abb. 5.21), kann daraus geschlossen werden, dass die niedrigen Transmissionswerte aufgrund hoher Absorptionsverluste zustande kommen. Diese werden durch die Verdichtung in der kohlenstoffhaltigen Atmosphäre in der FAST Anlage eingebracht und waren in den Sinter / HIP verdichteten Proben viel schwächer ausgeprägt. Die von Jin beschriebene Minderung der Verfärbung durch Verwendung eines gröberen Ausgangspulvers wird als wahrscheinlich erachtet, wurde aber nicht experimentell untersucht, da bereits bei geringer Zunahme der Korngröße eine doppelbrechungsbedingte, starke Abnahme der Transmission verzeichnet wurde. Als Ursache für die hohe Absorption werden wie bei den Spinell–Proben auch die Erhöhung des Poreninnendrucks und die damit verbundene Verschiebung des Boudouard–Gleichgewichts hin zur Seite der Edukte unter Abscheidung von Kohlenstoff angesehen. Auch die Bildung von Farbzentren durch Sauerstoffleerstellen aufgrund der CO–haltigen Atmosphäre in der FAST–Prozesskammer wird als wahrscheinlich erachtet.

6 Mechanische Eigenschaften

6.1 Härte und Bruchzähigkeit

6.1.1 Mg–Spinell

Trockengepresste Proben

Die Härte der trockengepressten Spinell Proben betrug nach einer einstündigen Sinterung bei 1500 °C, die zu einer relativen Dichte von 96,5 % führte, 1268 ± 42 HV5. Der K_{Ic} Wert, der mithilfe von Gl. 3.2 für Palmquist–Risse ermittelt wurde, betrug $3,0 \pm 0,1$ MPam$^{1/2}$. Das in Abschnitt 3.2.2 erläuterte c/a Verhältnis lag im Bereich von etwa 3. Daher war es notwendig, eine Zielpräparation durchzuführen, um festzustellen, ob halbkreisförmige Risse oder Palmquist–Risse vorlagen (Abb. 6.1).

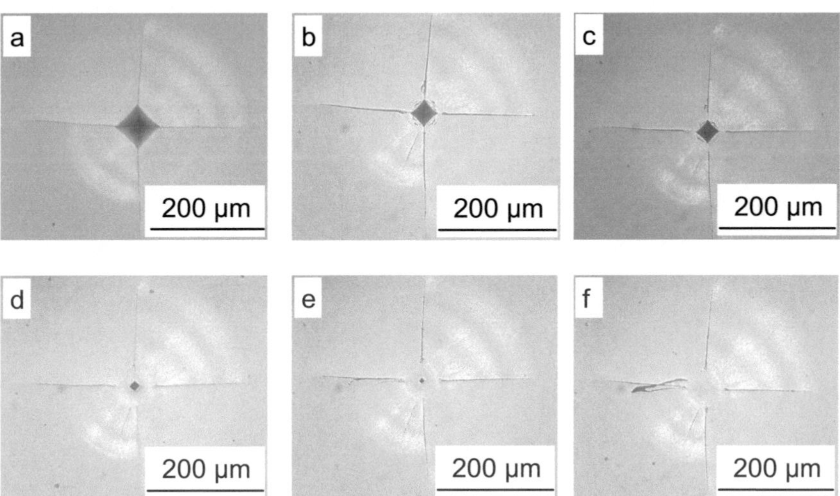

Abb. 6.1: Zunehmender Oberflächenabtrag durch Polieren zur Beurteilung der Rissform.

In Abb. 6.1 b) bis f) ist zu erkennen, wie mit zunehmendem Polierfortschritt zwischen dem Vickerseindruck und den Rissen ein Kreisring entsteht und wächst, der keine Rissausläufe enthält. Dies ist ein Hinweis dafür, dass keine halbkreisförmigen Risse vorliegen, sondern Palmquist–Risse vorhanden sind. Schematisch wird in der geschnittenen Seitenansicht in Abb. 6.2 gezeigt, wie der rissfreie Ring sich bei der Präparation entwickelt hat und mit zunehmendem Polierabtrag wuchs.

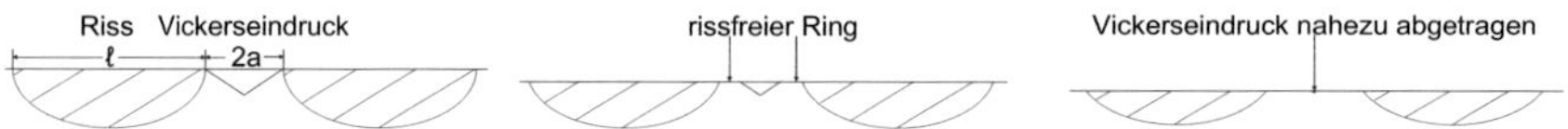

Beginn der Präparation entsprechend Abb. 6.1 a)   Polierfortschritt in Abb. 6.1 b) – e)   Ende der Präparation entsprechend Abb. 6.1 f)

Abb. 6.2: Schematischer Polierverlauf zur Beurteilung der Rissform.

Für die Härtemessung nach erfolgter Nachverdichtung wurde die Prüflast von 5 kP auf 0,3 kP gesenkt, da höhere Lasten mit Abplatzungen an der Oberfläche einhergingen, wie Abb. 6.3 veranschaulicht.

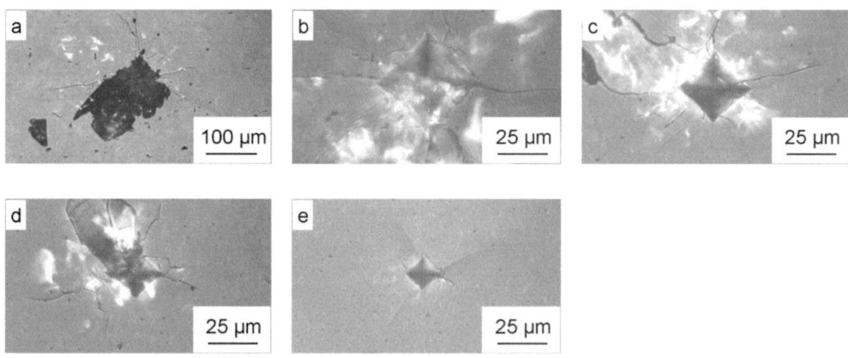

Abb. 6.3: Härteeindrucke in HIP nachverdichteter Spinell Probe unter a) 5 kP, b) 2 kP, c) 1 kP, d) 0,5 kP und e) 0,3 kP Prüflast.

Aufgrund der geringen Prüflast und der damit verbundenen kleinen Eindruckfläche bildeten sich keine eindeutig auswertbaren Risse für die Risszähigkeitsbestimmung aus, da diese an den Kanten der Eindrucke und nicht an deren Ecken losliefen. Deswegen wurden an den nachverdichteten Spinell Proben ausschließlich die Härteeindrucke vermessen, die Risse blieben unausgewertet. Eine Variation der Haltezeiten von 0,5 h bis 1,5 h bei einer Sintertemperatur von 1500 °C, gefolgt von einer HIP Nachverdichtung (1750 °C / 150 MPa / 2 h) hatte keinen Einfluss auf die sich einstellende Härte von etwa 1300 HV0,3 (Tab. 6.1). Nach einer Erhöhung der Sintertemperatur von 1500 °C auf 1700 °C mit anschließender HIP Nachverdichtung betrug die Härte weiterhin ca. 1300 HV0,3.

Tab. 6.1: Härtemessungen an trockengepressten, Sinter / HIP–nachverdichteten Spinell Proben, SD = Standardabweichung, Prüflast = 0,3 kP

Sinter–Parameter	rel. Dichte	HIP–Parameter	Härte ± SD
1500 °C / 0,5 h	95,4 %	1750 °C / 150 MPa / 2 h	1280 ± 19 HV0,3
1500 °C / 1,0 h	96,2 %	1750 °C / 150 MPa / 2 h	1304 ± 30 HV0,3
1500 °C / 1,5 h	96,9 %	1750 °C / 150 MPa / 2 h	1292 ± 26 HV0,3
1700 °C / 2,0 h	98,6 %	1750 °C / 150 MPa / 2 h	1271 ± 50 HV0,3

Nassgeformte Proben

Die Härtemessungen an Proben, die über Gipsguss hergestellt wurden, lieferten nach einer HIP Nachverdichtung bei 1750 °C erneut eine Härte von etwa 1300 HV0,3. Eine Absenkung der HIP Temperatur auf 1650 °C führte zu einem leichten Anstieg der Härte auf 1350 HV0,3.

Tab. 6.2: Härtemessungen an nassgeformtem, Sinter / HIP–verdichtetem Spinell

Sinter–Parameter	rel. Dichte	HIP–Parameter	Härte
1470 °C / 1,0 h	97,6 %	1650 °C / 150 MPa / 2 h	1347 ± 64 HV0,3
1550 °C / 2,0 h	98,5 %	1750 °C / 150 MPa / 2 h	1269 ± 77 HV0,3

FAST Proben

An den FAST Proben wurden sowohl die Härtewerte als auch die Risszähigkeiten über die Vickers Eindruckmethode ermittelt. Hierfür wurde der Indenter mit einer Prüflast von 5 kP in die Probe gedrückt. Abb. 6.4 zeigt, dass diese Last trotz der hohen Dichten der FAST–verdichteten Proben (> 99,5 %) zu keinen Abplatzungen führte, wenn die Proben nicht HIP–nachverdichtet waren.

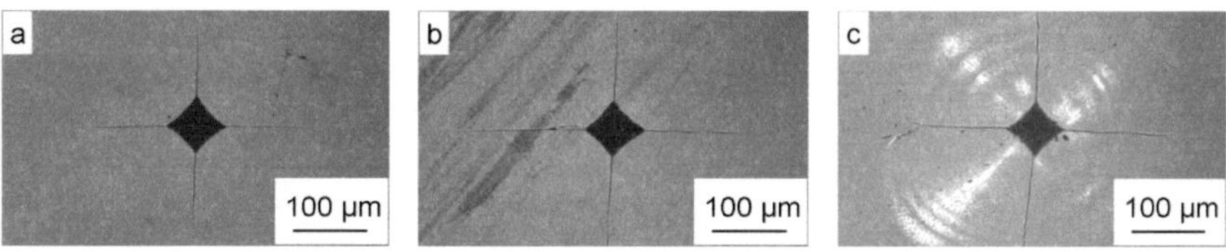

Abb. 6.4: Härteeindrucke in FAST Proben. Prüflast = 5 kP.

Es sprechen sowohl Gründe dafür als auch dagegen, dass die Sinter / HIP Proben im Gegensatz zu den FAST Proben vergleichbarer Dichte zu eindruckbedingten Abplatzungen neigen: zum einen lag die Korngröße in den HIP nachverdichteten Proben bei über 20 µm, während sie in den FAST verdichteten Proben bei unter 0,5 µm lag. Dies bedingt in den FAST Proben, dass volumenbezogen viel mehr Kornorientierungen vorlagen als im Fall der HIP verdichteten Proben. Daher können bei hoher Temperatur mehr Gleitsysteme aktiviert werden, wodurch Spannungen abgebaut werden können. Gleichzeitig nehmen die beim Abkühlen nach der Verdichtung auftretenden wärme-ausdehnungsbedingten Eigenspannungen mit zunehmender Korngröße zu, da benach-barte Kristallite unterschiedlicher Orientierung aufgrund ihrer gemeinsamen Grenzflächen daran gehindert werden, anisotrop zu schrumpfen [Evan78]. Andererseits ist zu erwarten, dass die prozesstechnisch bedingten Eigenspannungszustände voneinander abwichen. In der FAST Anlage wurden die Proben nach der Haltezeit unter mechanischer Last mit 150 K/min abgekühlt, in der HIP Anlage war die Abkühlrate eine Größenordnung kleiner und betrug maximal 20 K/min, was für geringere Eigenspannungen in den Sinter/HIP Proben spricht.

Die Härtemessungen an den FAST Proben ergaben deutlich höhere Werte als bei den gesinterten bzw. Sinter / HIP verdichteten Proben: es wurden maximal 1500 HV5 für FAST Proben gemessen (Tab. 6.3) im Vergleich zu maximal 1350 HV0,3 für Sinter / HIP Proben (Tab. 6.2). Die Risszähigkeit K_{Ic} wurde auch für die FAST Proben mithilfe von Gl. 3.2 berechnet und betrugen unabhängig von der Haltetemperatur etwa 3 MPam$^{1/2}$.

Tab. 6.3: Härte und Risszähigkeit von Spinell Proben verdichtet über FAST

FAST–Parameter	rel. Dichte	Härte	Risszähigkeit (Niihara Palmquist)
1350 °C / 2 min / 64 MPa / 200 K/min	97,8 %	1380 ± 29 HV5	3,3 ± 0,1 MPam$^{1/2}$
1240 °C / 15 min/ 88 MPa / 25 K/min	99,5 %	1420 ± 28 HV5	3,0 ± 0,1 MPam$^{1/2}$
1250 °C / 20 min/ 88 MPa / 25 K/min	99,7 %	1495 ± 38 HV5	3,1 ± 0,1 MPam$^{1/2}$

Im Anschluss an die HIP–Nachverdichtung war es wiederum nur möglich, die Härteeindrucke unter einer Prüflast von 0,3 kP einzubringen, da höhere Lasten wie schon bei den Sinter / HIP–verdichteten Proben zu Abplatzungen führten (Abb. 6.5).

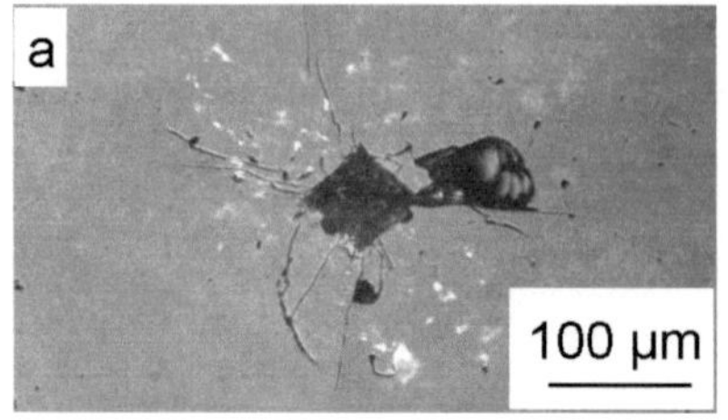

Abb. 6.5: Härteeindrucke in FAST / HIP Proben. Prüflast = a) 5 kP; b) 0,3 kP.

Die ermittelten Härtewerte der FAST / HIP Proben sind sehr gut vergleichbar mit den Härtewerten der Sinter / HIP Proben. Hier betrug die Härte 1270 HV0,3, unabhängig von der jeweiligen HIP Temperatur (1650 °C bzw. 1750 °C). Die Korngröße in diesen Proben betrug 20 bis 30 µm (vgl. Kapitel 4.1.2).

Tab. 6.4: Härtemessungen an FAST / HIP Proben

FAST–Parameter	rel. Dichte	HIP–Parameter	Härte
1220 °C / 15 min / 88 MPa / 25 K/min	99,3 %	1750 °C / 150 MPa / 2 h	1267 ± 53 HV0,3
1400 °C / 30 min / 30 MPa / 200 K/min	99,6 %	1650 °C / 150 MPa / 2 h	1269 ± 73 HV0,3

6.1.2 α–Aluminiumoxid

Die Härtewerte wurden ebenfalls an ausgesuchten Korund Proben, die zuvor für die optische Charakterisierung herangezogen worden waren, ermittelt. Die Prüflast betrug 10 kP und führte zu keinerlei Abplatzungen, so dass sich die Länge der Hauptrisse für eine Berechnung des Risswiderstandes K_{Ic} nach Gl. 3.2 eignete. Abb. 6.6 zeigt exemplarisch Vickers–Eindrucke einer a) auf Gips abgegossenen und einer b) druckfiltrierten Probe.

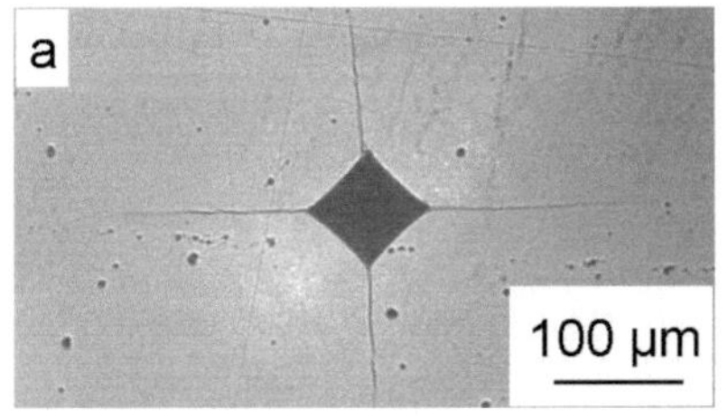
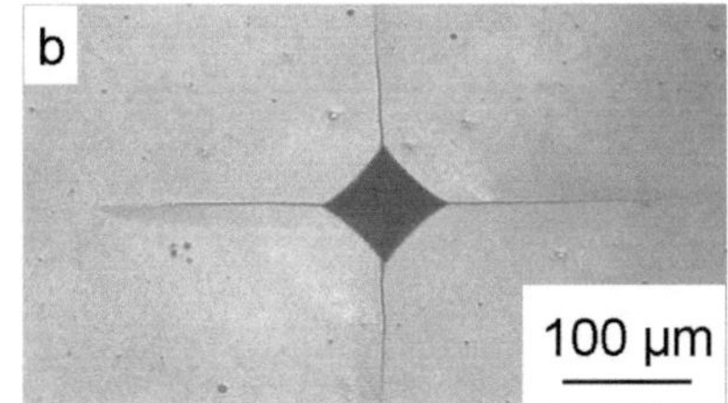

Abb. 6.6: Härteeindrucke a) auf Gips abgegossene Probe, b) druckfiltrierte Probe.

Trockengepresste Proben

Die undotierten Proben wiesen eine nahezu monotone Abnahme der Härte mit steigender Temperatur von 1990 HV10 für eine HIP Temperatur von 1165 °C auf 1880 HV10 für eine HIP Temperatur von 1275 °C auf. Die Risszähigkeiten bewegten sich zwischen 4,9 und 5,5 MPam$^{1/2}$ (Abb. 6.7).

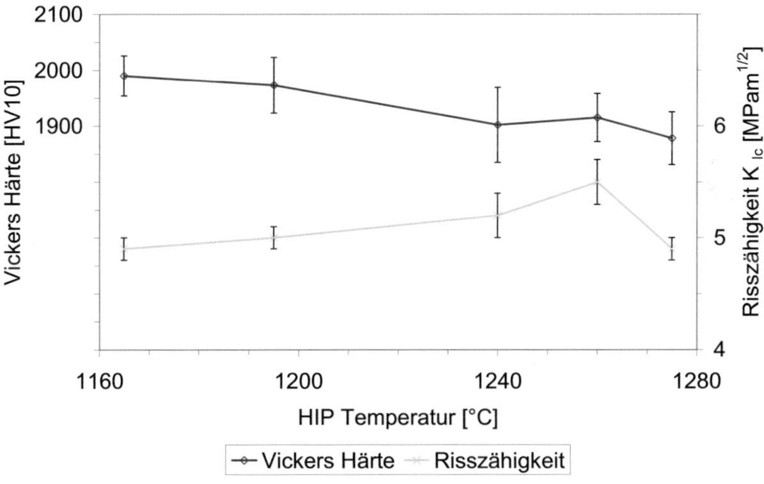

Abb. 6.7: Härte und K_{Ic} Werte der trockengepressten, undotierten Korund Proben in Abhängigkeit der HIP Temperatur. Die Messpunkte sind aus 10 Einzelmessungen arithmetisch gemittelt.

Nassgeformte Proben

Die Härtewerte der MgO dotierten Proben, lagen höher als die der trockengepressten, undotierten Proben, wobei die Risszähigkeiten sich auf vergleichbarem Niveau bewegten. Im Gegensatz zu den trockengepressten Proben fielen die arithmetischen Mittel der Härtewerte der geschlickerten Proben nicht mit zunehmender HIP Temperatur ab, sondern betrugen temperaturunabhängig 2000 HV10 bis 2050 HV10. Die Risszähigkeiten lagen zwischen 4,7 und 5,3 $MPam^{1/2}$ (Abb. 6.8).

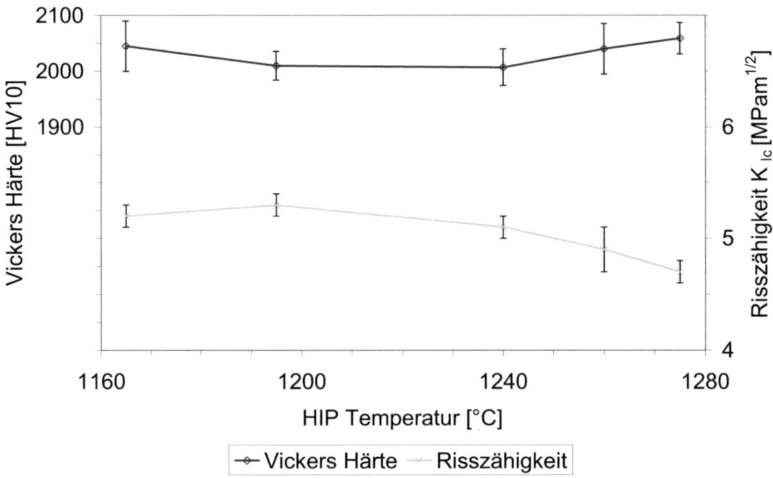

Abb. 6.8: Härte und K_{Ic} Wert der geschlickerten, MgO dotierten α–Al_2O_3 Proben in Abhängigkeit der HIP Temperatur.

In den nassgeformten Proben lag ein feineres Korn im Anschluss an die HIP–Nachverdichtung vor als bei den trockengepressten; eine mittlere Korngröße von 500 nm wurde bei der höchsten HIP Temperatur nicht überschritten (Abschnitt 4.2.1.2). Daher lagen die Härtewerte im Vergleich zu den undotierten Proben mit 2000 HV10 bis 2050 HV10 etwas höher. Die Temperaturspanne in der Proben nachverdichtet wurden und das damit verbundene Kornwachstum waren allerdings zu gering, um einen Temperatureffekt zu bewirken bzw. einen Vergleich der dotierten Proben untereinander zu ermöglichen.

FAST Proben

Es wurden Härtemessungen und Risszähigkeitsbestimmungen an undotierten FAST Proben durchgeführt, die zuvor für die optische Charakterisierung präpariert worden waren. Die Ergebnisse sind in nachfolgender Tabelle aufgeführt.

Tab. 6.5: Härte und Risszähigkeit von undotierten α–Aluminiumoxid Proben verdichtet über FAST (kein HIP)

FAST–Parameter	rel. Dichte	Härte	Risszähigkeit (Niihara Palmquist)
1160 °C / 30 min / 96 MPa / 25 K/min	99,9 %	1981 ± 49 HV10	5,0 ± 0,4 MPam$^{1/2}$
1170 °C / 15 min / 96 MPa / 25 K/min	99,9 %	1921 ± 76 HV10	5,1 ± 0,1 MPam$^{1/2}$

Die Risszähigkeiten der FAST Proben waren mit 5 MPam$^{1/2}$ sehr gut vergleichbar mit denen der Sinter / HIP verdichteten Aluminiumoxid Proben (4,7 MPam$^{1/2}$ bis 5,5 MPam$^{1/2}$).

Wie bei den Mg–Spinell Proben auch war bei den Aluminiumoxid Proben eine Nachverdichtung mit einer Abnahme der Härte verbunden. Die FAST Proben aus Tab. 6.5 wurden gemeinsam einer HIP Verdichtung unterzogen, die zu einer Reduktion um 140 HV10 auf 1840 HV10 (FAST Temperatur 1160 °C) bzw. um 26 HV10 auf 1895 HV10 (FAST Temperatur 1170 °C) führte. Der Einfluss der Porosität auf die gemessene Härte kann in erster Näherung vernachlässigt werden, da diese vor der HIP Behandlung weniger als 0,1 % betrug.

Tab. 6.6: Härte und Risszähigkeit der Proben aus Tab. 6.5 nach HIP Verdichtung

FAST–Parameter	HIP–Parameter	Härte	Risszähigkeit (Niihara Palmquist)
1160 °C / 30 min / 96 MPa / 25 K/min	1250 °C / 150 MPa / 2 h	1841 ± 30 HV10	5,0 ± 0,1 MPam$^{1/2}$
1170 °C / 15 min / 96 MPa / 25 K/min	1250 °C / 150 MPa / 2 h	1895 ± 47 HV10	5,1 ± 0,2 MPam$^{1/2}$

6.2 Diskussion

6.2.1 Mg–Spinell

Polykristalline Spinellkeramiken, wie sie für beschussbeständige Fenster zum Einsatz kommen, besitzen bei Korngrößen zwischen 50 µm und 300 µm Härten von maximal 12 GPa [Pate00]. West gibt die Härte für dicht gesintertes $MgAl_2O_4$ mit Korngrößen kleiner 25 µm bis etwa 1 µm mit 14–14,5 GPa an [West04]. Morita verdichtete Spinell mittels FAST unter Anwendung von Heizraten zwischen 2 und 50 K/min und erhielt dichte Proben mit Korndurchmessern von etwa 0,5 µm [Mori09]. Der Härtewert betrug dort 15,5 GPa. Krell stellte ebenfalls dichtes $MgAl_2O_4$ mit Korngrößen im sub–µm Bereich her. Die Korngröße der in [Krel09] mittels Schlickerguss erhaltenen Proben betrug lediglich 0,3 µm, die über Gel Casting geformten Scheiben wiesen nach Sinter / HIP Korngrößen von etwa 0,5 µm auf. Hierbei erreichte die Härte Werte zwischen 14,5–15 GPa. In der vorliegenden Arbeit lagen im Anschluss an die Nachverdichtung Korndurchmesser zwischen 20 µm und 30 µm vor. Die ermittelten Härtewerte lagen zwischen 13 GPa und 14 GPa und stimmen sehr gut mit den Ergebnissen in [West04] überein. Die Härte von polykristallinem Spinell ist somit durch eine Verringerung der Korngröße von 12 GPa (50 µm–300 µm), [Pate00] steigerbar bis 15 GPa (sub–µm) [More09], [Krel09].

6.2.2 α–Aluminiumoxid

Skrovanek unterteilte die Korngrößenabhängigkeit der Härte in Aluminiumoxid in zwei Bereiche: für Korndurchmesser größer 4 µm wird in [Skro79] eine Korrelation entsprechend der Hall–Petch Beziehung gefunden. Die Härte steigt hier proportional $D^{-1/2}$. Experimentell belegt wurde dies anhand von heißgepressten Al_2O_3 Proben in einem Intervall von 10 µm bis 4 µm, in welchem die Knoop–Härte von KHN 1650 auf KHN 1950 zunahm. Unterhalb einer Korngröße von 4 µm wurde hingegen gefunden, dass die Härte einen konstanten Wert von KHN 1950 beibehält. Begründet wird dieses Verhalten damit, dass oberhalb von 4 µm die Versetzungsbewegung durch Korngrenzen behindert wird. Bei feinerem Gefüge hingegen entfiele dieser Mechanismus, da die Durchmesser der Versetzungsringe sich den Korndurchmessern näherten. Krell verdichtete nassgeformte Scherben über Sinter / HIP. In [Krel98] wird ebenfalls ein Anstieg der Vickers Härte mit abnehmender Korngröße berichtet. Hier stieg die Korngröße unterhalb 4 µm weiter an: für eine Korngröße von 3 µm wurden 18 GPa, für 0,5 µm wurden 19,7 GPa und für 0,2 µm großes Korn wurden 20,5 GPa ermittelt. Die Prüflast bei diesen Untersuchungen betrug 10 kp. Besonders hohe Härtewerte für FAST–verdichtetes Aluminiumoxid werden von Reddy in [Redd10] berichtet. Es wurde eine Härte von 25,6 GPa bei einer Dichte von 97,5 % gemessen. Angaben zur Korngröße werden in dieser Arbeit nicht gemacht. Hergestellt wurden die Probenkörper über ein sogenanntes *multi–stage sintering*, das sich vom *single–stage sintering* darin unterscheidet, dass vor Erreichen der Maximaltemperatur mehrere Haltezeiten im Zeit–Temperaturprofil eingestellt sind. Ebenfalls an FAST–verdichteten Proben wurden die Härtewerte in [Chak08] bestimmt. Bei Dichten von mehr als 99 % betrug hier die Härte 22,5 GPa für eine Korngröße von 0,8 µm und fiel mit zunehmender Haltetemperatur auf 21 GPa bei einer Korngröße von 1,1 µm.

In der vorliegenden Arbeit fiel die Vickers–Härte bei einer Prüflast von 10 kp der trockengepressten, undotierten Proben mit zunehmender HIP Temperatur nahezu monoton von 21,1 GPa bei einer Korngröße von 370 nm auf 19,9 GPa bei einer Korngröße von 770 nm ab (Abb. 6.9). Dieses Verhalten stimmt mit dem in der Literatur beschriebenen Abfall der Härte mit zunehmender Korngröße überein, wenngleich dieser nicht besonders stark ausfällt, da die HIP Temperatur um maximal 100 K variierte. Bei den nassgeformten, mit MgO dotierten Proben führte diese Variation der HIP Temperatur zu einem noch geringeren Kornwachstum. Proben, die bei 1165 °C nachverdichtet wurden wiesen eine Korngröße von 300 nm auf, bei 1275 °C HIP verdichtete Proben hatten hingegen eine Korngröße von 440 nm. Bei dieser Probenserie überwog die Streuung der einzelnen Härtemessungen an einer Probe im Vergleich zur korngrößenbedingten Härteabnahme. Die Härte nahm Werte zwischen 21,2 GPa und 21,7 GPa an. Die Korndurchmesser der FAST / HIP Proben lagen mit 930 nm und 1000 nm ebenfalls zu nahe beeinander, um eine Korrelation zuzulassen. Ihre Härten betrugen 20,3 GPa bzw. 20,9 GPa.

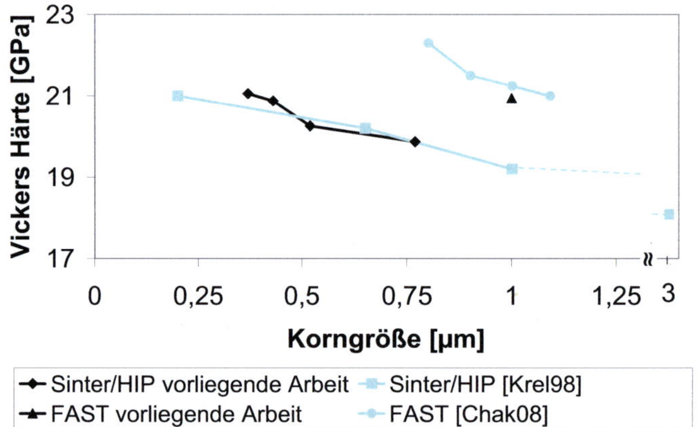

Abb. 6.9: Härte nach Vickers in Abhängigkeit der Korngröße in Al_2O_3.

7 Zusammenfassung

In der vorliegenden Arbeit wurden verschiedene Methoden der Formgebung und Konsolidierung zum Erhalt von optischen Keramiken vergleichend untersucht. Als Modellwerkstoffe dienten der Mg–Spinell, welcher sich aufgrund seiner niedrigen UV–Absorptionskante, des niedrigen Emissionsgrads und seiner isotropen optischen Eigenschaften auszeichnet und das α–Aluminiumoxid, welches ein verschleiß– und korrosionsbeständiges Material mit äußerst hoher Härte darstellt.

Als Formgebungsverfahren kamen das Trockenpressen mit anschließender CIP Verdichtung, der Gipsguss und die Druckfiltration zum Einsatz. Die Konsolidierung fand entweder im Sinterofen, gefolgt von einer HIP–Nachverdichtung, statt, oder erfolgte mittels Field Assisted Sintering Technique (FAST) mit ebenfalls nachfolgender HIP Verdichtung.

Während der gesamten Herstellungsroute wurde darauf geachtet, dass möglichst keine Kontamination in die Proben bzw. in die keramischen Pulver eingebracht wurde, da sich jegliche Verunreinigung abträglich auf die optischen Eigenschaften auswirkte.

Bei den Sinter / HIP konsolidierten Spinell Proben stellten sich gefügemäßige Inhomogenitäten ein, deren Abmessungen mit zunehmender HIP–Temperatur ebenfalls wuchsen. Sinterversuche in Pulverbetten aus Mg–Spinell, aus Aluminiumoxid und aus Magnesiumoxid wurden durchgeführt, um auszuschließen, dass Querkontamination während der Konsolidierung bzw. eine unstöchiometrische Zusammensetzung für die Ausbildung dieser Inhomogenitäten verantwortlich war. Zur Verifizierung dieses Ergebnisses wurden ebenfalls Proben in einem Rohrofen mit zuvor unbenutztem Aluminiumoxidrohr durchgeführt. Da die Gefüge der FAST Proben diese Inhomogenitäten nicht aufwiesen, ist eine mögliche Agglomeratbehaftung des Ausgangspulvers möglich. Diese Agglomerate könnten bei der Kalzinierung des Pulvers entstanden sein. Durch den prozessbedingten Vorteil der Aufbringung einer mechanischen Last unter hoher Temperatur könnten diese Agglomerate im FAST Prozess wirksam eliminiert worden sein. Eine weitere mögliche Ursache stellen die aus der Pulversynthese stammenden Schwefelverunreinigungen dar. Die beobachteten Inhomogenitäten wären dann auf *swelling* zurückzuführen. Das Ausbleiben des *swellings* in den FAST verdichteten Proben wäre sowohl mit den niedrigeren Prozesstemperaturen als auch mit dem geringen Sauerstoffpartialdruck in der Ofenkammer begründbar.

Die Anwesenheit des graphithaltigen Werkzeugs machte sich bei der FAST Verdichtung sowohl des Spinells als auch des Aluminiumoxids durch dunkle Verfärbungen der Proben bemerkbar. Da sich diese Verfärbungen und die damit verbundene Absorption sehr intensiv auf die optischen Eigenschaften und insbesondere die gesamte Transmission der FAST Proben auswirkten, scheint diese Methode nur begrenzt für die Konsolidierung transparenter Fenster geeignet zu sein. Zur Minderung der Verfärbung kämen der Einsatz von graphitfreien Werkzeugen und die Verwendung gröberer Pulver in Betracht. Letzteres ist von Vorteil, da somit die Grenzfläche zwischen der kohlenstoffhaltigen Atmosphäre und der zu verdichtenden Keramik minimiert werden kann. Dies konnte qualitativ simuliert werden durch Variierung der Prozessparameter, wodurch eine Vergröberung des Korns vor dem Erreichen des Porenabschlusses eingestellt wurde. Die so erhaltenen Proben wiesen geringere Verfärbungen auf, als die konventionell FAST verdichteten Proben mit feinem Gefüge bei Porenabschluss.

Der in der Literatur vielfach beschriebene vorteilhafte Einfluss der hohen Aufheizraten bei FAST konnte nicht belegt werden. Es wurden Proben mit moderaten Heizraten von 25 K/min und solche mit hohen Aufheizraten von 200 K/min hergestellt, die sich weder bezüglich ihrer Korngröße noch Porenverteilung merklich unterschieden. Gleichzeitig stellte sich die mechanische Last als der Prozessparameter heraus, der zur effektivsten Manipulierung des sich einstellenden Gefüges führte.

Die Sinter / HIP Methode eignete sich sowohl für Proben, die aus der Trocken– wie auch der Nassformgebung hervorgegangen waren. Die Nassformgebung lieferte im Falle von Mg–Spinell Grünkörper mit relativen Dichten von 52 %. Dieser Wert stellte sich sowohl bei elektrostatischer als auch elektrosterischer Stabilisierung ein, unabhängig davon, ob eine Aufmahlung in der Planetenkugelmühle vorgenommen wurde oder lediglich mittels Ultraschall desintegriert wurde. Ein Grund für die mittleren Gründichten der Spinell Proben lag offensichtlich in der Feinheit des Pulvers bzw. der darin enthaltene Feinanteil mit Partikelgrößen um 30 nm. Trockengepresste Spinell Proben wiesen nach der CIP Verdichtung Gründichten von 54 % auf. Folglich waren die Sintertemperaturen, die zur Einstellung des Porenabschlusses benötigt wurden, bei den trockengepressten und bei den nassgeformten Proben identisch.

Die Gründichten der Aluminiumoxid Proben, die geschlickert wurden oder über einachsiges Pressen mit anschießender CIP Verdichtung erhalten wurden, betrugen 63 %. Für undotierte Proben stellte die trockene Formgebung ein zweckmäßiges Verfahren dar, denn die nur marginal niedrigeren Sintertemperaturen der geschlickerten Proben rechtfertigten den Mehraufwand, der mit der Nassformgebung verbunden war, nicht. Anders verhielt es sich bei den MgO dotierten Proben. Hier konnten sowohl durch Stabilisierung mittels Salpetersäure als auch bei Einsatz eines Polyelektrolyts Grünköper hergestellt werden, in denen die MgO Partikel homogen verteilt vorlagen.

Es konnten sowohl dotierte wie auch undotierte Aluminiumoxid Proben mit hinreichend hohen Werten der direkten Transmission im Wellenlängenbereich des sichtbaren Lichts hergestellt werden. Zugleich wurde gezeigt, dass bei Nichtverwenden eines kornwachstumshemmenden Sinterzusatzes die HIP–Temperatur in einem nur kleinen Temperaturintervall gewählt werden durfte. Bei zu niedrigen Temperaturen war die Nachverdichtung nicht effektiv genug, zu hohe Temperaturen wiederum führten zum raschen Übergang transparenter Proben hin zur Transluzenz.

Literatur

[Ando83]   K. Ando, Y. Oishi: Effect of Ratio of Surface Area to Volume on Oxygen Self–Diffusion Coefficients Determined for Crushed MgO–Al$_2$O$_3$ Spinels. Journal of the American Ceramic Society. **66** (1983), *8*, S.131-132

[Apet03]   R. Apetz, M.P.B. van Bruggen: Transparent Alumina: A Light–Scattering Model. Journal of the American Ceramic Society. **86** (2003), *3*, S.480-486

[Asan04]   O. Asano: Ceramic Envelope for High Intensity Discharge Lamp and Method for Producing Polycrystalline Transparent Sintered Alumina Body. Patentschrift. 2004, US 6.734.128 B2

[Baad95]   F.H. Baader: Enzymkatalysiertes Formgebungsverfahren für Aluminiumoxid Keramiken. Dissertation, Eidgenössische Technische Hochschule Zürich, 1995

[Bae97]   I.–J. Bae, S. Baik: Abnormal Grain Growth of Alumina. Journal of the American Ceramic Society. **80** (1997), *5*, S.1149-1156

[Bail71]   F.T. Bailey, R. Russel Jr.: Magnesia–rich MgAl$_2$O$_4$ Spinel Ceramics. American Ceramic Society Bulletin. **50** (1971), *50*, S.493

[Barr92]   T.I. Barry, A.T. Dinsdale, J.A. Gisby, B. Hallstedt, M. Hillert, S. Jonsson, B. Sundman, J.R. Taylor. Journal of Phase Equilibria. **13** (1992), *5*, S.459-475

[Baud95]   C. Baudin, R. Martinez, P. Pena: High–Temperature Mechanical Behaviour of Stoichiometric Magnesium Spinel. Journal of the American Ceramic Society. **78** (1995), *7*, S.1857-1862

[Benn85]   S.J. Bennison, M.P. Harmer: Swelling of Hot–Pressed Al_2O_3. Journal of the American Ceramic Society. **68** (1985), *11*, S.591-597

[Benn90]   S.J. Bennison, M.P. Harmer: A History of the Role of MgO in the Sintering of Al_2O_3. Ceramics Transactions. **7** (1990), S.13-49

[Berg94]   L. Bergström: Rheology of Concentrated Suspensions in Suface and Colloid Chemistry in Advanced Ceramic Processsing. Hrsg.: R.J. Pugh und L. Bergström. New York, Marcel Dekker, 1994

[Bern09]   G. Bernard–Granger, N. Benameur, C. Guizard, M. Nygren: Influence of Graphite Contamination on the Optical Properties of Transparent Spinel Otained by Spark Plasma Sintering. Scripta Materialia. **60** (2009), *60*, S.164-167

[Bohr83]   C.F. Bohren, D.R. Huffman: Absorption and Scattering of Light by Small Particles. New York, Wiley, 1983

[Both00]   H. von Both: Druckfiltration und Eigenschaften von Siliciumcarbid-Suspensionen mit eingelagerten Porenbildnern. Dissertation, Universität Karlsruhe, 2000

[Brat69]   R.J. Bratton: Initial Sintering Kinetics of $MgAl_2O_4$. Journal of the American Ceramic Society. **52** (1969), S.417-419

[Brat71]   R.J. Bratton: Sintering and Grain Growth Kinetics of $MgAl_2O_4$. Journal of the American Ceramic Society. **54** (1971), S.141-143

[Brau06]   A. Braun, G. Falk, R. Clasen: Transparent Polycrystalline Alumina Ceramic with Sub–Micrometre Microstructure by Means of Electrophoretic Deposition. Materialwissenschaft und Technik. **37** (2006), 4, S.293-297

[Burn05]   J.H. Burnett: Optical Materials for Immersion Lithography. Journal of Photopolymer Science and Technology. **98** (2005), *5*, S.655-662

[Chak08]   D. Chakravarty, S. Bysakh, K. Muraleedharan, T.N. Rao, R. Sundaresan: Spark Plasma Sintering of Magnesia–Doped Alumina with High Hardness and Fracture Toughness. Journal of the American Ceramic Society. **91** (2008), S.203-208

[Chan05]   X. Chang, T. Lu, Y. Zhang, X. Luo, Q. Liu, C. Huang, J. Qi, M. Lei, C. Huang, L. Lin: $MgAl_2O_4$ Transparent Nano–Ceramics Prepared by Sintering under Ultrahigh Pressure. Key Engineering Materials. **280-283** (2005), S.549-552

[Chen04]   J. Cheng, D. Agrawal, D. Roy: Method and apparatus for the preparation of transparent alumina ceramics by microwaave sintering. WO 03/011792 A1, Offenlegungsschrift, The Pennsylvania State University Research Foundation, 2003

[Chia85]   Y. Chiang: Grain Boundary Mobility and Segregation in Nonstochiometric Solid Solution of Magnesium Aluminate Spinel. Dissertation, Massachusetts Institute of Technology, 1985

[Chia89]   Y. Chiang, W.D. Kingery: Grain Boundary Migration in Nonstochiometric Solid Solutions of Magnesium Aluminate Spinel: I, Grain Growth Studies. Journal of the American Ceramic Society. **72** (1989), *2*, S.271-277

[Chia97]   Y. Chiang, D. Birnie, W.D. Kingery: Physical Ceramics. Wiley, 1997

[Cobl70]   R.L. Coble: Diffusion Models for Hot Pressing with Surface Energy and Pressure Effects as Driving Forces. Journal of Applied Physics. **41** (1970), *11*, S.4798-4807

[Deri03]   A.F. Dericioglu, Y. Kagawa: Effect of Grain Boundary Microcracking on the Light Transmittance of Sintered $MgAl_2O_4$. Journal of the European Ceramic Society. **23** (2003), *6*, S.951-959

[Dill07]   S.J. Dillon, M. Tang, W.C. Carter, M.P. Harmer: Complexion: A New Concept for Kinetic Engineering in Materials Science. Acta Materialia. **55** (2007), *18*, S.6208-6218

[Dill08]   S.J. Dillon, S.K. Behera, M.P. Harmer: An experimentally quantifiable solute drag factor. Acta Materialia. **56** (2008), *6*, S.1374-1379

[Evan78]   A.G. Evans: Microfracture from Thermal Expansion Anisotropy – I. Single Phase System. Acta Metallurgica. **26** (1978), S.1845-1853

[Frag07]   N. Frage, S. Cohen, S. Meir, S. Kalabukhov, M.P. Dariel: Spark Plasma Sintering (SPS) of Transparent Magnesium–Aluminate Spinel. Journal of Materials Science Letters. **42** (2007), *09*, S.3273-3275

[Galu99]   D. Galusek, P. Znášik, J. Majling: The influence of cold isostatic pressing on compaction and properties of Mg–PSZ ceramics. Journal of Materials Science Letters. **18** (1999), *16*, S.1347-1351

[Gane10]   I. Ganesh, G.J. Reddy, G. Sundararajan, S.M. Olhero, P.M.C. Torres, J.M.F. Ferreira: Influence of processing route on microstructure and mechanical properties of MgAl$_2$O$_4$ Spinel. Ceramics International. **36** (2010), *2*, S.473-482

[Gao04]   L. Gao, Z. Shen, H. Miyamoto, M. Nygren: Superfast Densification of Oxide / Oxide Ceramic Composites. Journal of the American Ceramic Society. **82** (1999), *4*, S.1061-1063

[Gavr99]   K.L. Gavrilov, S.J. Bennison, K.R. Mikeska, J.M. Chabala, R. Levi–Setti: Silica and Magnesia Dopant Distributions in Alumina by High–Resolution Scanning Secondary Ion Mass Spectrometry. Journal of the American Ceramic Society. **82** (1999), *4*, S.1001-1008

[Gild05]   G. Gilde, P. Patel, P. Patterson, D. Blodgett, D. Duncan, D. Hahn: Evaluation of Hot Pressing and Hot Isostatic Pressing Parameters on Optical Properties of Spinel. Journal of the American Ceramic Society. **88** (2005), *10*, S.2747-2751

[Gran95]   A. Granon, P. Goeuriot, F. Thevenot: Aluminum Magnesium Oxynitride: A New Transparent Spinel Ceramic. Journal of the European Ceramic Society. **15** (1995), *3*, S.249-254

[Grat91]   G. Grathwohl: Concise Encyclopedia of Advanced Ceramics Materials. Hrsg.: R.J. Brook: Oxford, Pergamon Press, S.147-152, 1991

[Guo96]   X. Guo, Y.-Q. Sun, K. Cui: Darkening of zirconia: a problem arising from oxygen sensors in practice. Sensors and Actuators B: Chemical Society. **31** (1996), *3*, S.139-145

[Holz05]   S. Holzer: Neodym– und ytterbiumhaltige Sialon–Keramiken: Phasen-beziehungen, Gefügeausbildung und mechanisch–tribologische Eigen-schaften. Dissertation, Universität Karlsruhe, 2005

[Huan97]   J.-L. Huang, S.-Y. Sun, Y.-C. Ko: Investigation of High Alumina–Spinel: Effects of LiF and $CaCO_3$ Addition. Journal of the American Ceramic Society. **80** (1997), *12*, S.1153-1158

[Huan05]   C. Huang, J. Li, M. Lei, H. Du, X. Yang: Properties and Microstructure of Optically Transparent Polycrystalline Spinel. Key Engineering Materials. **280** (2005), S.545-548

[Huls81]   H.C. van de Hulst: Light Scattering by Small Particles. New York, Dover Publications, 1981

[Ito04]   S. Ito, Y. Higuchi, T. Fujii: Effect of HIPing Pressure on the Grain Growth in Some Oxides. Journal of the Ceramic Society of Japan. **112** (2004), *5*, S.317-321

[Jin10]   X. Jin, L. Gao, J. Sun: Highly Transparent Alumina Spark Plasma Sintered from Common–Grade Commercial Powder: The Effect of Powder Treatment. Journal of the American Ceramic Society. **93** (2010), *5*, S.1232-1236

[Jian08]   D.T. Jiang, D.M. Hulbert, U. Anselmi–Tamburini, T. Ng, D. Land, A.K. Mukherjee: Optically Transparent Polycrystalline Al_2O_3 Produced by Spark Plasma Sintering. Journal of the American Ceramic Society. **91** (2008), *1*, S.151-154

[Jorg64]   P.J. Jorgensen, J.H. Westbrook: Role of Solute Segregation at Grain Boundaries During Final–Stage Sintering of Alumina. Journal of the American Ceramic Society. **47** (1964), *7*, S.332-338

[Kang05]   S.–J. L. Kang: Sintering: Densification, Grain Growth, and Microstructure. Hrsg.: Butterworth–Heinemann, Elsevier, 2005

[Kiku00]   K. Kikuchi, Y.S. Kang, A. Kawasaki: Fabrication of Disk–Shaped Symmetric Functional Graded Materials of Ni/Al_2O_3 System by SPS Process. Journal of the Japanese Society of Powder Metallurgy. **47** (2000), *3*, S.302

[Kim07]   B.N. Kim, K. Hiraga, K. Morita, H. Yoshida: Spark Plasma Sintering of Transparent Alumina. Scripta Materialia. **57** (2007), *7*, S.607–610

[King76]   W.D. Kingery, H.K. Bowen, D.R. Uhlmann: Introduction to Ceramics. New York, Wiley, 1976

[Krel95]   A. Krell, P. Blank: Grain Size Dependence of Hardness in Dense Submicrometer Alumina. Journal of the American Ceramic Society. **78** (1995), *4*, S.1118-1120

[Krel98]   A. Krell: A new look at the influences of load, grain size, and grain boundaries on the temperature hardness of ceramics. International Journal of Refractory Metals & Hard Materials. **16** (1998), *4-6*, S.331-335

[Krel03]   A. Krell, P. Blank, H. Ma, T. Hutzler: Transparent Sintered Corundum with High Hardness and Strength. Journal of the American Ceramic Society. **86** (2003), *1*, S.12-18

[Krel05]   A. Krell, P. Blank, J. Klimke, T. Hutzler: Farbiges transparentes Korund-
material mit polykristallinem sub–µm Gefüge und Verfahren zur Herstellung von Formkörpern aus diesem Material. Patentanmeldung. 2005 WO
2005/068392 A1

[Krel07]   A. Krell, T. Hutzler, J. Klimke: Transparent Ceramics for Structural
Applications. Keramische Zeitschrift cfi. **84** (2007), *6*, S.50-56

[Krel09]   A. Krell, T. Hutzler, J. Klimke: Transmission Physics and Consequences
for Materials Selection, Manufacturing, and Applications. Journal of the
European Ceramic Society. **29** (2009), *2*, S.207-221

[Krel09B]   A. Krell, J. Klimke, T. Hutzler: Advanced spinel and sub–µm Al_2O_3 for
transparent armour applications. Journal of the European Ceramic Society.
29 (2009), *2*, S.275-281

[Lave08]   P. Laven: Für den nicht–kommerziellen Gebrauch frei verwendbares
Computerprogramm zur numerischen Berechnung der Mie–Lichtstreuung.
http://www.philiplaven.com/mieplot.htm

[Lewi00]   J. A. Lewis: Colloidal Processing of Ceramics. Journal of the American
Ceramic Society. **83** (2000), *10*, S.2341-2359

[Lu08]   T. Lu, X. Chang, J. Zhang, J. Qi, X. Luo: Preparation and Characterization
of Transparent Nanocrystalline Ceramics. Key Engineering Materials.
368-372 (2008), S.402-406

[Maca07]   K. Maca, M. Trunec, R. Chmelik: Processing and Properties of Fine
Grained Transparent $MgAl_2O_4$ Ceramics. Ceramics Silikaty. **51** (2007), *2*,
S.94-97

[MacL08]   I. McLaren, R.W. Cannon, M.A. Gülgün, R. Voytovych, N. .Popescu-Porgion, C. Scheu, U. Täffner, M. Rühle: Abnormal Grain Growth in Alumina: Synergistic Effects of Yttria and Silica. Journal of the American Ceramic Society. **86** (2003), *4*, S.650-659

[Mao08]   X. Mao, S. Wang, S. Shimai, J. Guo: Transparent Polycrystalline Alumina Ceramics with Oriented Optical Axes. Journal of the American Ceramic Society. **91** (2008), *10*, S.3431-3433

[Meed04]   A. Meeder: Defektspektroskopie an $CuGaSe_2$ aus der halogenunterstützten Gasphasenabscheidung. Dissertation, Freie Universität Berlin, 2004

[Meir09]   S. Meir, S. Kalabukhov, N. Froumin, M.P. Dariel, N. Frage: Synthesis and Densification of Transparent Magnesium Aluminate Spinel by SPS Processing. Journal of the American Ceramic Society. **92** (2009), S.358-364

[Mend69]   M.I. Mendelson: Average Grain Size in Polycrystalline Ceramics. Journal of the American Ceramic Society. **52** (1969), S.443-446

[Miya99]   S. Miyamoto, M. Tani, M. Tokita: Homogenization of Functionally Graded Materials (FGM) by Spark Plasma Sintering (SPS). Proceedings of NEDO International Symposium on Functionally Graded Materials. 1999, S.183

[Mizu92]   H. Mizuta, K. Oda, Y. Shibasaki, M. Maeda, M. Machida, K, Ohshima: Preparation of High–Strength and Translucent Alumina by Hot Isostatic Pressing. Journal of the American Ceramic Society. **75** (1992), *2*, S.469-473

[Mori09]   K. Morita, B.N. Kim, K. Hiraga, H. Yoshida: Fabrication of high–strength transparent $MgAl_2O_4$ spinel polycrystals by optimizing SPS conditions. Journal of Materials Research. **24** (2009), *9*, S.2863–2872

[Munz89]   D. Munz, T. Fett: Mechanisches Verhalten keramischer Werkstoffe. Berlin, Springer Verlag, 1989

[Niih82]   K. Niihara, R. Morena, D.P.H. Hasselman: Evaluation of K_{IC} of brittle solids by the indentation method with low crack–to–indent ratios. Journal of Materials Science Letters. **1** (1982), *1*, S.13-16

[Olhe08]   S.M. Olhero, I. Ganesh, P.M.C. Torres, J.M.F. Ferreira: Surface Passivation of $MgAl_2O_4$ Spinel Powder by Chemisorbing H_3PO_4 for Easy Aqueous Processing. Langmuir. **24** (2008), *17*, S.9525-9530

[Omor95]   M. Omori, H. Sakai, A. Okubo, T. Hirai: Functionally Graded Materials from Al and Polyimide. Proceedings of the 3rd International Symposium on Structural and Functional Gradient Materials. 1995, S.667

[Pala62]   A.E. Paladino, R.L. Coble: Effect Of Grain Boundaries on Diffusion-Controlled Processes in Aluminum Oxide. Journal of the American Ceramic Society. **46** (1962), *3*, S.133-136

[Pass30]   L. Passerini: Gazzetta Chimica Italiana. **60** (1930), S.389

[Pate00]   P.J. Patel, G.A. Gilde, P.G. Dehmer, J.W. McCauley: Transparent Armor. AMPTIAC Newsletter. **4** (2000), S.1-13

[Qi07]   L. Qi, T. Lu, X. Chang, M. Lei, C. Huang: Preparation of $MgAl_2O_4$ Transparent Nano–Ceramics and Their Light Transmission Properties. Key Engineering Materials. **336-338** (2007), S.2296-2299

[Raha07]   M.N. Rahaman. Ceramic Processing. CRC Press London, 2007

[Raha08]   M.N. Rahaman. Sintering of Ceramics. CRC Press London, 2008

[Redd10]   K.M. Reddy, N. Kumar, B. Basu: Innovative Multi–Stage Spark Plasma Sintering to Obtain Strong and Tough Ultrafine–Grained Ceramics. Scripta Materialia. **62** (2010), *7*, S.435–438

[Reim09]   I. Reimanis, H.–J. Kleebe. A Review on the Sintering and Microstructural Development of Transparent Spinel ($MgAl_2O_4$). Journal of the American Ceramic Society. **92** (2009), *7*, S.1472-1480

[Rein06]   J.W. Reinshagen: Korrelation zwischen Partikelwechselwirkungen und Grünkörpereigenschaften nassgeformter Keramiken. Dissertation, Universität Karlsruhe, 2006

[Risb95]   S.H. Risbud, C.H. Shan, A.K. Mukherjee, M.J. Kim, J.S. Bow, R.A. Holl: Retention of nanostructure in aluminum oxide by very rapid sintering at 1150 °C. Journal of Materials Research. **10** (1995), *2*, S.237–239

[Roy68]   S.K. Roy, R.L. Coble: Solubilities of Magnesia, Titania, and Magnesium Titanate in Aluminum Oxide. Journal of the American Ceramic Society. **51** (1968), *1*, S.1-6

[Roy88]   D.W. Roy, J.L. Hastert, L.E. Coubrough, K.E. Green, A. Trujillo: Transparent Polycrystalline Body with High Ultraviolet Transmittance, Process for Making, and Applications thereof. Patentschrift. 1988 EP 0 447 390 B1

[Roze07]   K. Rozenburg, I.E.Reimanis, H.–J. Kleebe, R.L. Cook: Chemical Interaction Between LiF and $MgAl_2O_4$ Spinel During Sintering. Journal of the American Ceramic Society. **90** (2007), *7*, S.2038-2042

[Roze08]   K. Rozenburg, I.E.Reimanis, H.–J. Kleebe, R.L. Cook: Sintering Kinetics of a $MgAl_2O_4$ Spinel Doped with LiF. Journal of the American Ceramic Society. **91** (2008), *2*, S.444-450

[Salm07]   H. Salmang, H. Scholze: Keramik. Hrsg.: Rainer Telle: Band 1. Heidelberg, Springer, 2007

[Sate03]   R.L. Satet: Einfluss der Grenzflächeneigenschaften auf die Gefügeausbildung und das mechanische Verhalten von Siliciumnitrid–Keramiken. Dissertation, Universität Karlsruhe, 2003

[Scha94]   H. Schaumburg: Keramik. Stuttgart, B.G. Teubner, 1994

[Scot02]   C. Scott, M. Kaliszewski, C. Greskovich, L. Levinson: Conversion of Polycrystalline Al_2O_3 into Single–Crystal Sapphire by Abnormal Grain Growth. Journal of the American Ceramic Society. **85** (2002), *5*, S.1275-1280

[Seid97]   J. Seidel, N. Claussen, J. Rödel: Reliability of Alumina Ceramics. 2: Effect of Processing. Journal of the European Ceramic Society. **17** (1997), *5*, S.727-733

[Shen02]   Z. Shen, M. Johnsson, Z. Zhao, M. Nygren: Spark Plasma Sintering of Alumina. Journal of the American Ceramic Society. **85** (2002), *8*, S.1921-1927

[Skro79]   S.D. Skrovanek, R.C. Bradt: Microhardness of Fine–Grain–Size Al_2O_3. Journal of the American Ceramic Society. **62** (1979), *3-4*, S.215-216

[Stra08]   E. Straßburger: Ballistic testing of transparent armour ceramics. Journal of the European Ceramic Society. **29** (2009), *2*, S.267-273

[Stue10]   M. Stuer, Z. Zhao, U. Aschauer, P. Bowen: Transparent polycrystalline alumina using spark plasma sintering: Effect of Mg, Y and La doping. Journal of the European Ceramic Society. **30** (2010), *6*, S.1335-1343

[Swab99]   J.J. Swab, J.C. LaSalvia, G.A. Gilde, P.J. Patel, M.J.Motyka: Transparent Armor Ceramics: ALON and Spinel. Ceramic Engineering and Science. **20** (1999), *4*, S.79-86,

[Tamb06]   U. Anselmi–Tamburini, J.E. Garay, Z.A. Munir: Fast Low–Temperature Consolidation of Bulk Nanometric Ceramic Materials. Scripta Materialia. **54** (2006), *5*, S.823–828

[Ting00]   C.–J. Ting, H.–Y. Lu: Deterioration in the Final–Stage Sintering of Magensium Aluminate Spinel. Journal of the American Ceramic Society. **82** (1999), *4*, S.1592-1598

[Toki93]   M. Tokita: Trends in Advanced SPS Spark Plasma Sintering Systems and Technology – Functionally Gradient Materials and Unique Synthetic Processing Methods from Next Generation of Powder Technology. Journal of the Society of Powder Technology Japan. **30** (1993), *11*, S.790

[Trop98]   W.J. Tropf, M.E. Thomas: Handbook of Optical Constants and Solids II. Hrsg.: E.D. Palik: New York, Academic Press, S.883, 1998

[Vill07] G.R. Villalobos, J.S. Sanghera, S. Buyya, I.D. Aggarwal: Fluoride Salt Coated Magnesium Aluminate. Patentschrift. 2007, US 7.211.324

[Wang09] C. Wang, Z. Zhao: Transparent $MgAl_2O_4$ ceramic produced by spark plasma sintering. Scripta Materialia. **61** (2009), *2*, S.193–196

[Wei03] G.C. Wei: Current Trends in Ceramics for the Lighting Industry. Key Engineering Materials. **247** (2003), S.461-466

[Wei04] G.C. Wei: Grain Growth and Sintering of Translucent Polycrystalline Alumina. Journal of the Ceramic Society of Japan. **112** (2004), *5*, S.179-182

[Wei05] G.C. Wei: Transparent Ceramic Envelope Materials. Journal of Physics D: Applied Physics. **38** (2005), S.3057-3065

[Weiß87] K.–L. Weißkopf: Ausscheidungs– und Umwandlungsverstärkung von Al–Mg–Spinellen. Dissertation, Universität Stuttgart, 1987

[Weiß96] S. Weiß: Modellgestützte Gefügeoptimierung von Aluminiumoxid–Basiswerkstoffen im kapsellosen Sinter–HIP–Prozess. Dissertation, Universität Karlsruhe, 1996

[West04] G.D. West, J.M. Perkins, M.H. Lewis: Characterisation of Fine Grained Ceramics. Journal of Materials Science. **39** (2004), S.6687-6704

[West04B] G.D. West, J.M. Perkins, M.H. Lewis: Transparent Fine–grained Oxide Ceramics. Key Engineering Materials. **264-268** (2004), S.801-804

[Whit92] K.W. White, G.P. Kelkar: Fracture Mechanisms of Coarse–Grained, Transparent $MgAl_2O_4$ at Elevated Temperatures. Journal of the American Ceramic Society. **75** (1992), *12*, S.3440-3444

[Yama08]   I. Yamashita, H. Nagayama, K. Tskumua: Transmission Properties of Polycrystalline Alumina. Journal of the American Ceramic Society. **91** (2008), *8*, S.2611-2616

[Yeh88]   T.S. Yeh, M.D. Sacks: Low–Temperature Sintering of Aluminum Oxide. Journal of the American Ceramic Society. **71** (1988), *10*, S.841-844

[Zhan02]   G.D. Zhan, J. Kuntz, J. Wan, J. Garay, A.K. Mukherjee: Alumina-based nanocomposites consolidated by spark plasma sintering. Scripta Materialia. **47** (2002), *11*, S.737–741

[Zhan03]   H. Zhang, X. Jia , Z. Liu, Z. Li: The Low Temperature Preparation of Nanocrystalline $MgAl_2O_4$ Spinel by Citrate Sol–Gel Process. Materials Letters. **58** (2004), *10*, S.1625-1628

[Zhan10]   L. Zhang, J. Vleugels, O. Van der Biest: Fabrication of Textured Alumina by Orienting Template Particles during Electrophoretic Deposition. Journal of the European Ceramic Society. **30** (2010), *5*, S.1195-1202

[Zhou04]   Y. Zhou, K. Hirao, Y. Yamauchi, S. Kanzaki: Densification and grain growth in pulse electric current sintering of alumina. Journal of the European Ceramic Society. **24** (2004), *12*, S.3465-3470